建筑节能技术

主　编　扈恩华　李松良　张　蓓

副主编　刘　宇　王晓梅　陶登科

　　　　王　鹏　张培明

参　编　李忠武　李静文　王兆东

主　审　肖明和

U0319049

北京理工大学出版社

BEIJING INSTITUTE OF TECHNOLOGY PRESS

内 容 提 要

　　本书根据建筑节能最新国家标准规范，并结合建筑节能新理念、新技术和新方法，重点介绍了建筑节能技术基础理论知识以及在实际工程中的应用。全书共分为10章，主要包括建筑节能概述，建筑节能基础知识，建筑热工学原理，墙体的节能设计与施工技术，屋面的节能技术，建筑门窗节能技术，建筑给水排水节能技术，建筑采暖、通风与空调节能技术，建筑照明节能技术和太阳能建筑节能技术等内容。

　　本书可作为高等院校土木工程类相关专业的教材，也可作为土建类其他层次教育相关专业教材和土建工程技术人员的参考用书。

图书在版编目（CIP）数据

建筑节能技术 / 扈恩华，李松良，张蓓主编.—北京：北京理工大学出版社，2018.2
ISBN 978-7-5682-5180-8

Ⅰ.①建…　Ⅱ.①扈…②李…③张…　Ⅲ.①建筑－节能－教材　Ⅳ.①TU111.4

中国版本图书馆CIP数据核字（2018）第007176号

出版发行 / 北京理工大学出版社有限责任公司
社　　　址 / 北京市海淀区中关村南大街5号
邮　　　编 / 100081
电　　　话 / （010）68914775（总编室）
　　　　　　（010）82562903（教材售后服务热线）
　　　　　　（010）68948351（其他图书服务热线）
网　　　址 / http://www.bitpress.com.cn
经　　　销 / 全国各地新华书店
印　　　刷 / 北京紫瑞利印刷有限公司
开　　　本 / 787毫米×1092毫米　1/16
印　　　张 / 12.5　　　　　　　　　　　　　　　　责任编辑 / 王玲玲
字　　　数 / 303千字　　　　　　　　　　　　　　文案编辑 / 王玲玲
版　　　次 / 2018年2月第1版　2018年2月第1次印刷　责任校对 / 周瑞红
定　　　价 / 48.00元　　　　　　　　　　　　　　责任印制 / 边心超

FOREWORD 前 言

人类在不同历史时期对环境问题的认识程度是不同的，节能问题是近年来各国政府和公众最为关注的环境问题之一，而建筑能耗占社会总能耗的比例较高，建筑节能发展前景广阔、意义重大。由于历史原因，我国建筑的能耗存在能源利用率低、化石能源消耗大、建筑节能技术水平低下和人们节能意识淡薄等问题，随着我国经济社会的不断发展，人们对居住和生活条件的要求越来越高，对环境问题越来越重视，建筑节能作为全社会能源节约的重要环节已成为建筑行业的重要关注领域之一。

建筑节能以节约能源为根本目的，集成了城乡规划、建筑学及土木工程、建筑设备、环境、热能、电子信息、生态等工程学科的专业知识，同时又与技术经济行为、科学和社会学等人文学科密不可分，是一门跨学科、跨专业、综合性和应用性较强的专业拓展课程。

本书充分考虑了建筑类高等院校学生的知识结构特点，将建筑节能中重要的节能理论知识精选，学生可通过自学或在教师的指导下掌握基本的节能理论，为节能施工和管理服务。本书内容翔实生动，符合实际需求，书中插入了大量建筑节能现场图片和原理图，将大大提高学生的学习兴趣。另外，随着全社会"互联网＋"时代的到来，教学中的互联网应用也逐步普及，为此，我们在编写过程中加入了二维码课程资源，学生在学习过程中通过手机扫描二维码就可以观看有关节能的视频、动画以及其他不方便在书本平面上展示的课程资源。

本书由扈恩华、李松良、张蓓担任主编，刘宇、王晓梅、陶登科、王鹏和张培明担任副主编，李忠武、李静文、王兆东参与了本书部分章节编写工作。全书由肖明和主审。

本书在编写过程中，参考了一些前辈和同仁的书目、文章和资料，在此谨向相关作者表示衷心的感谢！

虽然我们对教材的特色建设作了许多努力，但由于水平和能力有限，书中仍难免存在一些疏漏或不妥之处，敬请读者们使用时批评指正，以便修订时改进。

编　者

CONTENTS　目录

CONTENTS

CONTENTS

CONTENTS

第1章 建筑节能概述

随着生产力的快速发展，世界各国能源消耗量越来越大，与此同时，全球能源供应日益紧张，生产力发展与能源短缺的矛盾日益加剧，因此，能源节约及综合利用问题受到世界各国的普遍关注。

1.1 国内外建筑能耗现状

建筑能耗有广义和狭义之分。广义建筑能耗是指从建筑材料制造、建筑施工直至建筑使用全过程的能耗；而狭义建筑能耗或建筑使用能耗是指维持建筑功能所消耗的能量，包括热水供应、烹调、供暖、空调、照明、家用电器、电梯以及办公设备等的能耗。我国建筑能耗的涵盖范围现在已与发达国家取得一致，按照国际上通行的方法，建筑能耗就是使用能耗。

1.1.1 国外建筑能耗现状

随着人们生活水平的提高，欧美发达国家住宅能耗所占全国能耗的比例都相当高，在居住能耗中由于各国国情不同，也有很大差别。对于寒冷期较长的一些国家和地区，如北欧国家、加拿大，其采暖及供应热水能耗均占住宅能耗的大部分，与我国相比，在相近的气候条件下，发达国家一年内采暖时间较长，同时常年供应家用热水，炎热地区建筑内则安装空调设备。发达国家城市及乡村建筑普遍安装采暖设备，所用能源主要是煤气、燃油或者电力，其采暖室温一般为 20 ℃～22 ℃，多设有恒温控制器自动调节室温。

发达国家既有建筑比每年新建建筑多得多，其大力推进既有建筑的节能改造工作，使得建筑节能取得了突出成就。北欧和中欧国家在 1980 年前已形成按节能要求改造旧房的高潮，到 20 世纪 80 年代中期已基本完成。西欧、北美的已有房屋也早已逐步组织节能改造。因此，有些国家尽管建筑面积逐年增加，但整个国家建筑能耗却大幅度下降。如丹麦 1992 年比 1972 年的采暖建筑面积增加了 39%，但同时采暖总能耗减少了 31.1%，采暖能耗占全国总能耗的比例也由 39% 下降为 27%，平均每平方米建筑面积采暖能耗减少了 50%。

1.1.2 我国建筑能耗现状

我国既是一个发展中大国，又是一个建筑大国，每年新建房屋面积高达 17 亿～18 亿平方米，超过所有发达国家每年建成建筑面积的总和。随着全面建设小康社会的逐步推进，建设事业迅猛发展，建筑能耗迅速增长。我国既有的近 400 亿平方米建筑，仅有 1% 为节能建筑，其余无论从建筑围护结构还是采暖空调系统来衡量，均属于高耗能建筑，单位面积采暖所耗能源相当于纬度相近的发达国家的2～3倍。这是由于我国的建筑围护结构保温隔热性能差，采暖用能的2/3都被浪费。而每年的新建建筑中真正称得上"节能建筑"的还不足1亿平方米，建筑耗能总量在我国能源消费总量中的份额已超过27%，逐渐接近三成。

1. 我国建筑能耗的分类

我国建筑能耗按占建筑总能耗的比例(图1.1)不同，可分为以下几类：

(1)北方地区建筑采暖能耗约占我国建筑总能耗的24.6%；

(2)长江流域住宅采暖能耗约占我国建筑总能耗的1.4%；

(3)除供暖外的住宅用电(照明、热水供应、空调等)，约占我国建筑总能耗的15.1%；

(4)除供暖外的一般性非住宅类民用建筑(中小商店、学校等)能耗，主要是办公室电器、照明、空调等，约占我国建筑总能耗的18.3%；

(5)大型公共建筑(高档写字楼、星级酒店、购物中心)能耗约占我国建筑总能耗的3.5%；

(6)农村建筑能耗约占我国建筑总能耗的37.1%。

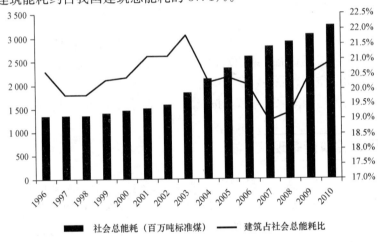

图1.1　1996—2010年我国建筑能耗比例

2. 我国建筑能耗的特点

(1)北方建筑采暖能耗高、比例大，应为建筑节能的重点；

(2)长江流域大面积居住建筑新增采暖需求；

(3)大型公共建筑能耗浪费严重，节能潜力大，新建建筑中此类建筑的比例呈增长趋势；

(4)住宅及一般公共建筑与发达国家相比，能耗有明显的增长趋势；

(5)农村建筑能耗低，非商品能源仍占较大部分，目前有逐渐被商品能源替代的趋势。

3. 导致建筑能耗增加的因素

(1)房屋建筑需求继续增加；

(2)居民家用电器品种、数量增加；

(3)城镇化进程不断加快；

(4)农村能源改变；

(5)采暖区向南扩展；

(6)人们对建筑热舒适性的要求越来越高。

1.2　建筑节能的含义、作用与意义

1.2.1　建筑节能的含义

在建筑材料生产、房屋建筑施工及使用过程中，要合理地使用、有效地利用能源，以便在满足同等需要或达到相同目的的条件下，尽可能降低能耗，以达到提高建筑舒适性和节省能源的目标。"节能"被称为煤炭、石油、天然气、核能之外的第五大能源，建筑节能已上升到前所未有的高度。自1973年世界发生能源危机以来，建筑节能的发展可划分为三个阶段：第一阶段，称为"在建筑中节约能源"（energy saving in buildings），即现在所说的建筑节能；第二阶段，改称为"在建筑中保持能源"（energy conservation in buildings），意即尽量减少能源在建筑物中的损失；第三阶段，普遍称为"在建筑中提高能源利用率"（energy efficiency improving in buildings）。我国现阶段所称的建筑节能，其含义已上升到上述的第三阶段，即在建筑中合理地使用能源及有效地利用能源，不断提高能源的利用效率。

1.2.2　建筑节能的作用与意义

1. 建筑节能是贯彻可持续发展战略、实现国家节能规划目标的重要措施

我国是一个发展中国家，人口众多，人均能源资源相对匮乏。人均耕地只有世界人均耕地的1/3，水资源只有世界人均占有量的1/4，已探明的煤炭储量只占世界储量的11%，原油只占世界储量的2.4%。我国每年新建建筑使用的烧结实心砖，就可毁掉良田12万亩。我国的物耗水平较发达国家，钢材高出10%～25%，每立方米混凝土多用水泥80 kg，污水回用率仅为25%。目前，我国建筑用能浪费极其严重，而且建筑能耗增长的速度远远超过我国能源生产增长的速度，如果任由这种高耗能建筑持续发展下去，国家的能源生产势必难以长期支撑此种浪费型需求，从而被迫组织大规模的旧房节能改造，这将要耗费更多的人力、物力。

能源将是制约经济可持续发展的重要因素，近年来我国GDP的增长均高于10%，但能源的增长却只能达到3%～4%的增长幅度。21世纪的前20年是我国经济社会发展的重要战略机遇期，在此期间，我国的经济将经历三个重要变化，即进入重工业化时期、城镇化进程加快、成为世界制造基地之一。由于经济增长和城镇化进程的加快对能源供应形成很大压力，能源发展滞后于经济发展。所以，必须依靠节能技术的大范围使用来保障国民经济持续、快速、健康地发展，推行建筑节能势在必行、迫在眉睫。

2. 建筑节能可成为新的经济增长点

建筑节能需要投入一定量的资金，而投入少，产出多。实践证明，只要因地制宜地选择合适的节能技术，使居住建筑每平方米造价提高建筑成本的5%～7%幅度，即可达到50%的节能目标。建筑节能的投资回报期一般为5年左右，与建筑物的使用寿命周期50～100年

相比，其经济效益是非常明显的。节能建筑在一次投资后，可在短期内回收，且可在其寿命周期内长期受益。新建建筑节能和既有建筑的节能改造，将形成具有投资效益和环境效益双赢的新的经济增长点。

3. 建筑节能可减少温室效应，改善大气环境

我国的煤炭和水力资源较为丰富，石油则需依赖进口。煤在燃烧过程中产生大量的二氧化碳、二氧化硫、氮化物等污染物，二氧化碳造成地球大气外层的"温室效应"，二氧化硫、氮化物等污染物是造成呼吸道疾病的根源之一，严重危害人类的生存环境。在我国以煤为主的能源结构下，建筑节能可减少能源消耗，减少向大气排放的污染物，减少温室效应，改善大气环境，因此从这一角度讲，建筑节能即保护环境，浪费能源即污染环境。

4. 建筑节能可缓解能源紧张的局面，改善室内热环境

随着人民生活水平的不断提高，适宜的室内热环境已成为人们生活的普遍需要，是现代生活的基本标志。适宜的室内热环境也是确保人体健康，提高人们劳动生产率的重要措施之一。在发达国家，人们通过越来越有效地利用资源来满足人们的各种需要。在我国，人们对建筑热环境的舒适性要求也越来越高。由于地理位置的特点，我国大部分地区冬冷夏热，与世界同纬度地区相比，一月份平均气温我国东北低 14 ℃～18 ℃，黄河中下游低 10 ℃～14 ℃，长江以南低 8 ℃～10 ℃，东南沿海低 5 ℃左右；而在夏季七月平均气温，绝大部分地区却要高出世界同纬度地区 1.3 ℃～2.5 ℃，我国夏热问题比较突出。人们非常需要宜人的室内热环境，冬天采暖，夏天空调，而这些都需要能源的支持。但是我国能源供应又十分紧张，因此，利用节能技术改善室内环境质量成为必然之路。

1.3　我国建筑节能概述

1.3.1　我国建筑节能发展概况

我国建筑节能工作起步较晚，是从 20 世纪 80 年代初期颁布《北方采暖地区居住建筑节能设计标准》(JGJ 26—1986)开始的，在战略上采取了"先易后难、先城市后农村、先新后改造、先住宅后公建、从北向南稳步推进"的原则，经过近 30 年的努力，我国的建设节能工作取得了初步成效，主要表现在以下四个方面。

1. 已初步建立起以节能 50% 为目标的建筑节能设计标准体系

该标准系列主要有：1986 年 8 月 1 日原建设部颁布的《民用建筑设计标准(采暖居住建筑部分)》(JGJ 26—1986)，这是我国颁布的第一个建筑设计节能标准；2010 年 8 月 1 日起施行的经住房和城乡建设部组织修订后的新版本《严寒和寒冷地区居住建筑节能设计标准》(JGJ 26—2010)；2013 年 3 月 1 日起施行的《既有居住建筑节能改造技术规程》(JGJ/T 129—2012)；2010 年 8 月 1 日起施行的《夏热冬冷地区居住建筑节能设计标准》(JGJ 134—2010)；2013 年 4 月 1 日起施行的《夏热冬暖地区居住建筑节能设计标准》(JGJ 75—2012)；2015 年 10 月 1 日起施行的《公共建筑节能设计标准》(GB 50189—2015)。

2. 初步制定了一系列有关建筑节能的政策法规

近年来，国务院、有关部委及地方主管部门先后颁布了一系列有关建筑节能的政策法规，如1991年4月的中华人民共和国第82号总理令，对于达到《民用建筑设计标准》要求的北方节能住宅，其固定资产投资方向调节税税率为零的政策；1997年11月颁布的《中华人民共和国节约能源法》第37条规定"建筑物的设计与建造应当按照有关法律、行政法规规定，采用节能型的建筑结构、材料、器具和产品，提高保温隔热性能，减少采暖、制冷、照明能耗"；2000年2月18日发布了中华人民共和国建设部令第76号《民用建筑节能管理规定》；另外，还先后发布了建设部建科〔2004〕174号文件《关于加强民用建筑工程项目建筑节能审查工作的通知》、建设部建科〔2005〕55号文件《关于新建居住建筑严格执行节能设计标准的通知》、建设部建科〔2005〕78号文件《关于发展节能省地型住宅和公共建筑的指导意见》等一系列文件，这些文件的贯彻执行有力地推动了建筑节能在我国的发展。

3. 取得了一批具有实用价值的科技成果

这批具有实用价值的科技成果主要包括墙体隔热保温技术、屋面保温隔热技术、门窗密闭保温隔热技术、采暖空调系统节能技术，太阳能利用技术、地源热泵和空气源热泵技术、风能利用等可再生能源利用技术。

4. 通过试点示范工程，一定程度上带动了建筑节能工作在我国的开展

多年来，住房和城乡建设部及地方建设主管部门先后在全国分区域启动了一批建筑节能试点示范工程，研究及选择适用于本地区的建筑节能技术，为建筑节能在全国范围内的大面积开展奠定了基础。如1985—1988年的中国-瑞典建筑节能合作项目、1991—1996年的中-英建筑节能合作项目、1996—2001年的中-加建筑节能合作项目、1997年的中国-欧盟建筑节能示范工程可行性研究、1998年至今的中-法建筑贝特建筑节能合作项目、1999年至今的中国-美国能源基金会建筑节能标准研究项目、2000年至今的中国-世界银行建筑节能与供热改革项目、2001年的中国-联合国基金会太阳能建筑应用项目等。这些项目的实施，引入了国外先进的技术和管理经验，对我国建筑节能起到了促进作用，有效地实现了节能减排。据不完全统计，截至2002年，全国城镇共建成节能建筑面积约为3.3亿平方米，实现节能1 094万吨标准煤，减少二氧化碳排放量达2 326万吨。

1.3.2　建筑节能工作现存的问题

1. 部分地方政府对建筑节能工作的认识不到位

部分省(区、市)建筑节能工作的考核仍没有纳入政府层面，对建筑节能的考核评价仍局限在住房和城乡建设系统内部，没有纳入本地区单位国内生产总值能耗下降目标考核体系，使相关部门难以形成合力，相应的政策、资金难以落实。对建筑节能能力建设重视不够，部分省级住房城乡建设主管部门建筑节能管理人员只有1～2人，没有专门的管理和执行机构，使得各项政策制度的落实大打折扣。

2. 建筑节能法规与经济支持政策仍不完善

落实《中华人民共和国节约能源法》《民用建筑节能条例》各项法律制度所需的部门规章、地方行政法规的制定工作仍然滞后。各地对建筑节能的经济支持力度远远不够，尤其是中央财政投入较大的北方采暖地区既有居住建筑供热计量及节能改造、可再生能源建筑应用、公共建筑节能监管体系建设等方面，大部分地区没有落实配套资金，影响中央财政支持政策的实施效果。

3. 新建建筑执行节能标准水平仍不平衡

"十一五"期间，我国执行的建筑节能标准主要为 50% 节能标准，"十一五"期末逐步提高到"三步"节能标准的水平，节能标准的水平较低。从执行建筑节能标准的情况来看，施工阶段比设计阶段差，中小城市比大城市差，经济欠发达地区比经济发达地区差。在建筑节能工程施工过程中，建筑节能工程质量有待提高，存在以次充好、偷工减料的现象，监督管理不到位，存在质量与火险隐患。各地尤其是地级以下城市普遍缺乏可选用的建筑节能材料和产品，相关节能性能检测能力较弱，政府监管能力需要进一步增强。绿色建筑发展严重滞后。

注："三步节能"，就是建筑供暖能耗节能强制性标准的第三阶段，即要求新设计的采暖居住建筑能耗水平在 1980—1981 年当地通用设计能耗水平的基础上节约 65%。第一阶段是 1988 年强制执行的，在 1980—1981 年当地通用设计能耗水平的基础上节约 30%，2002 年 3 月 1 日开始在本市强制执行的二步节能标准，已经将住宅能耗标准提高到每平方米 20.5 W，而三步节能标准则达到每平方米 14.4 W。

4. 北方地区既有建筑节能改造工作任重道远

一是既有建筑存量巨大。2000 年以前我国建成的建筑大多为非节能建筑，民用建筑外墙平均保温水平仅为欧洲同纬度发达国家的 1/3，据估算，北方地区有超过 20 亿平方米的既有建筑需进行节能改造。二是改造资金筹措压力大。围护结构、供热计量、管网热平衡节能改造成本在 220 元/m² 以上，如果再进行热源改造，资金投入需求更大。但北方多数地区经济欠发达，地方政府财力投入有限，市场融资能力较弱。三是供热计量改革滞后。供热计量收费是运用市场机制促进行为节能的最有效手段，但这项工作进展缓慢，目前北方采暖地区 130 多个地级市，出台供热计量收费办法的地级市仅有 40 多个，制约了企业居民投资节能改造的积极性。

5. 可再生能源建筑应用推广任务依然繁重

我国在建筑领域推广应用可再生能源总体上仍处于起步阶段，据测算，目前可再生能源建筑应用量占建筑用能比重在 2% 左右，这与我国丰富的资源禀赋相比、与快速增长的建筑用能需求相比、与调整用能结构的迫切要求相比都有很大的差距。可再生能源建筑应用长效推广机制尚未建立，技术标准体系还不完善，产业支撑力度不够，有些核心技术仍未掌握，系统集成、工程咨询、运行管理等能力不强。

6. 大部分省市农村建筑节能工作尚未正式启动

我国农村地区的建筑节能工作有待推进。随着农村生活水平的不断改善，使用商品能源的总量将不断增加，需采取措施提高农村建筑用能水平和室内热舒适性，改善室内环境，引导农村用能结构科学合理发展。

1.3.3 建筑节能发展所面临的形势

(1)城镇化快速发展为建筑节能工作提出了更高要求。我国正处在城镇化的快速发展时期，国民经济和社会发展第十二个五年规划指出：2010 年我国城镇化率为 47.5%，"十二五"期间仍将保持每年 0.8% 的增长趋势，到"十二五"末期将达到 51.5%。一是城镇化快速发展使新建建筑规模仍将持续大幅增加。按"十一五"期间城镇每年新建建筑面积推算，"十二五"期间，全国城镇累计新建建筑面积将达到 40 亿～50 亿平方米，要确保这些建筑是符合建筑节能标准的建筑，同时引导农村建筑按节能建筑标准设计和建造。二是城镇化快速发展直接带来对能源、资源的更多需求，迫切要求提高建筑能源利用效率，在保证合理舒适度的前提下，降低建筑能耗，这将直接表现为对既有居住建筑节能改造、可再生能源建筑应用、绿色建筑和绿色生态城(区)建设的需求急剧增长。

(2)人民对生活质量需求不断提高使得对建筑服务品质提出更高要求。城镇节能建筑仅占既有建筑面积的 23%，建筑节能强制性标准水平低，即使目前正在推行的"三步"建筑节能标准也只相当于德国 20 世纪 90 年代初的水平，能耗指标则是德国的 2 倍。北方老旧建筑热舒适度普遍偏低，北方采暖城镇集中供热普及率仍不到 50%。夏热冬冷地区建筑的夏季能耗高、冬季室内热舒适性差，仍存在缺乏合理有效的采暖措施，缺乏建筑新风、热水等供应系统的问题。夏热冬暖地区除缺乏新风和热水供应系统外，遮阳、通风等被动式节能措施未被有效应用，室内舒适性不高的同时增加了建筑能耗。大城市普遍存在停车、垃圾分类回收、绿化等基础设施不足；北方农村冬季室内温度偏低，较同一气候区城镇住宅室内温度低 7 ℃～9 ℃，农民生活热水用量远远低于城镇。农村建筑使用初级生物质能源的利用效率很低，能源消耗结构不合理。

(3)社会主义新农村建设为建筑节能和绿色建筑发展提供了更大的发展空间。农村地区具有建筑节能和绿色建筑发展的广阔空间。每年农村住宅面积新增超过 8 亿平方米，人均住房面积较 1980 年增长了 4 倍多，农村居民消费水平年均增长 6.4%。将建筑节能和绿色建筑推广到农村地区，发挥"四节一环保"的综合效益，能够节约耕地、降低区域生态压力、保护农村生态环境、提高农民生活质量，同时，能吸引大量建筑材料制造企业、房地产开发企业等参与，带动相关产业发展，吸纳农村剩余劳动力，是实现社会主义新农村建设目标的重要手段。

1.3.4　我国建筑节能的目标和任务

1. 节能目标

(1)总体目标。到"十二五"期末，建筑节能形成 1.16 亿吨标准煤节能能力。其中，发展绿色建筑，加强新建建筑节能工作，形成 4 500 万吨标准煤节能能力；深化供热体制改革，全面推行供热计量收费，推进北方采暖地区既有建筑供热计量及节能改造，形成 2 700 万吨标准煤节能能力；加强公共建筑节能监管体系建设，推动节能改造与运行管理，形成 1 400 万吨标准煤节能能力。推动可再生能源与建筑一体化应用，形成常规能源替代 3 000 万吨标准煤节能能力。

(2)具体目标。

1)提高新建建筑能效水平。到 2015 年，北方严寒及寒冷地区、夏热冬冷地区全面执行新颁布的节能设计标准，执行比例达到 95% 以上，城镇新建建筑能源利用效率与"十一五"期末相比，提高 30% 以上。北京、天津等大城市执行更高水平的节能标准，新建建筑节能水平达到或接近同等气候条件下发达国家水平。建设完成一批低能耗、超低能耗示范建筑。

2）进一步扩大既有居住建筑节能改造规模。实施北方既有居住建筑供热计量及节能改造 4 亿平方米以上，地级及以上城市达到节能 50％强制性标准的既有建筑基本完成供热计量改造并同步实施按用热量分户计量收费，启动夏热冬冷地区既有居住建筑节能改造试点 5 000 万平方米。

3）建立健全大型公共建筑节能监管体系。通过能耗统计、能源审计及能耗动态监测等手段，实现公共建筑能耗的可计量、可监测。确定各类型公共建筑的能耗基线，识别重点用能建筑和高能耗建筑，促使高耗能公共建筑按节能方式运行，实施高耗能公共建筑节能改造达到 6 000 万平方米。争取在"十二五"期间，实现公共建筑单位面积能耗下降 10％，其中大型公共建筑能耗降低 15％。

4）开展可再生能源建筑应用集中连片推广，进一步丰富可再生能源建筑应用形式，实施可再生能源建筑应用省级示范、城市可再生能源建筑规模化应用、以县为单位的农村可再生能源建筑应用示范，拓展应用领域，"十二五"期末，力争新增可再生能源建筑应用面积 25 亿平方米，形成常规能源替代能力 3 000 万吨标准煤。

5）实施绿色建筑规模化推进。新建绿色建筑 8 亿平方米。规划期末，城镇新建建筑 20％以上达到绿色建筑标准要求。

6）大力推进新型墙体材料革新，开发推广新型节能墙体和屋面体系。依托大中型骨干企业建设新型墙体材料研发中心和产业化基地。新型墙体材料产量占墙体材料总量的比例达到 65％以上，建筑应用比例达到 75％以上。

7）形成以《中华人民共和国节约能源法》和《民用建筑节能条例》为主体，部门规章、地方性法规、地方政府规章及规范性文件为配套的建筑节能法规体系。规划期末实现地方性法规省级全覆盖，建立健全支持建筑节能工作发展的长效机制，形成财政、税收、科技、产业等体系共同支持建筑节能发展的良好局面。建立省、市、县三级职责明确、监管有效的体制和机制。健全建筑节能技术标准体系。建立并实行建筑节能统计、监测、考核制度。

2. 节能任务

（1）提高能效，抓好新建建筑节能监管。

1）继续强化新建建筑节能监管和指导。一是提高建筑能效标准。严寒、寒冷地区，夏热冬冷地区要将建筑能效水平提高到"三步"建筑节能标准，有条件的地方要执行更高水平的建筑节能标准和绿色建筑标准，力争到 2015 年，北京、天津等北方地区一线城市全部执行更高水平节能标准。二是严格执行工程建设节能强制性标准，着力提高施工阶段建筑节能标准的执行率，加大对地级、县级地区执行建筑节能标准的监管和稽查力度，对不符合节能减排有关法律法规和强制性标准的工程建设项目，不予发放建设工程规划许可证，不得通过施工图审查，不得发放施工许可证。三是建立行政审批责任制和问责制，按照"谁审批、谁监督、谁负责"的原则，对不按规定予以审批的，依法追究有关人员的责任。要加强施工阶段监管和稽查，确保工程质量和安全。四是大力推广绿色设计、绿色施工，广泛采用自然通风、遮阳等被动技术，抑制高耗能建筑建设，引导新建建筑由节能为主向绿色建筑"四节一环保"的发展方向转变。

2）完善新建建筑全寿命期管理机制。制定并完善立项、规划、土地出（转）让、设计、施工、运行和报废阶段的节能监管机制。一是严格执行民用建筑规划审查，城乡规划部门要就设计方案是否符合民用建筑节能强制性要求征求同级建设主管部门意见；二是严格执行新建建筑立项阶段建筑节能的评估审查；三是在土地招拍挂出让规划条件中，要对建筑节能执行标准和绿色建筑的比例作出明确要求；四是严格执行建设单位、设计单位、施工单位不得在建筑活动中使用列入禁止使用目录的技术、工艺、材料与设备的要求；五是严格执行民用建筑能效测评标识和民用建筑节能信息公示制度。新建大型公共建筑建成后，必须经过能效专项测评，凡达不到工程建设强制性标准的，不得办理竣工、验收、备案手续；六是建立健全民用建筑节能管理制度和操作规程，对建筑用能情况进行调查统计和评估分析、设置建筑能源管理岗位，提高从业人员水平，降低运行能耗；七是研究建立建筑报废审批制度，不符合条件的，不予拆除报废，需拆除报废的建筑所有权人、产权单位应提交拆除后的建筑垃圾回用方案，促进建筑垃圾再生回用。

3)实行能耗指标控制。强化建筑特别是大型公共建筑建设过程的能耗指标控制，应根据建筑形式、规模及使用功能，在规划、设计阶段引入分项能耗指标，约束建筑体型系数，以及采暖空调、通风、照明、生活热水等用能系统的设计参数及系统配置，避免片面追求建筑外形，防止用能系统设计指标过大，造成浪费。实施能耗限额管理。各省(区、市)应在能耗统计、能源审计、能耗动态监测工作基础上，研究制定各类型公共建筑的能耗限额标准，并对公共建筑实行用能限额管理，对超限额用能建筑，采取增加用能成本或强制改造措施。

(2)扎实推进既有居住建筑节能改造。

1)深入开展北方采暖地区既有居住建筑供热计量及节能改造。一是以围护结构、供热计量和管网热平衡为重点，实施北方采暖地区既有居住建筑供热计量及节能改造。依据各地上报的改造工作量与各地签订既有居住建筑供热计量及节能改造任务协议。二是启动"节能暖房"重点市县，到2013年，地级及以上城市要完成当地具备改造价值的老旧住宅的供热计量及节能改造面积40%以上，县级市要完成70%以上，达到节能50%强制性标准的既有建筑基本完成供热计量改造。鼓励用3~5年时间节能改造重点市县全部完成节能改造任务。三是北方采暖地区既有居住建筑供热计量及节能改造要注重与热源改造、市容环境整治等相结合，与供热体制改革相结合，发挥综合效益。

2)试点夏热冬冷地区节能改造。以建筑门窗、遮阳、自然通风等为重点，在夏热冬冷地区进行居住建筑节能改造试点，探索该地区适宜的改造模式和技术路线。在综合考虑各省市经济发展水平、建筑能耗水平、技术支撑能力等因素的基础上，对改造任务进行分解落实。

3)形成规范的既有建筑改造机制。一是住房城乡建设主管部门应对本地区既有建筑进行现状调查、能耗统计，确定改造重点内容和项目，制订改造规划和实施计划。改造规划要报请同级人民政府批准。二是在旧城区综合改造、城市市容整治、既有建筑抗震加固中，有条件的要同步开展节能改造。既有建筑节能改造工程完工后，应进行能效测评与标识，达不到设计要求的，不得进行竣工验收。三是住房城乡建设主管部门要积极与同级有关部门协调配合，研究适合本地实际的经济、技术政策和标准体系，做好组织协调工作，注重探索和总结成功模式，确保改造目标的实现。

4)确保既有建筑节能改造的安全与质量。完善既有建筑节能改造的安全与质量监督机制，落实工程建设责任制。严把材料关，坚决杜绝伪劣产品入场；严把规划、设计和施工关，加强施工全过程的质量控制与管理；严把安全关，积极采取措施，做好防火安全等。

(3)深入开展大型公共建筑节能监管和高耗能建筑节能改造。

1)推进能耗统计、审计及公示工作。各省(区、市)应对本地区地级及以上城市大型公共建筑进行全口径统计，将单位面积能耗高于平均水平和年总能耗高于1 000 t标准煤的建筑确定为重点用能建筑，并对 50% 以上的重点用能建筑进行能源审计。应对单位面积能耗排名在前 50% 的高能耗建筑和具有标杆作用的低能耗建筑进行能效公示，接受社会监督。

2）加强节能监管体系建设。一是中央财政支持有条件的地方建设公共建筑能耗监测平台，对重点建筑实行分项计量与动态监测，强化公共建筑节能运行管理，规划期末完成 20 个以上省（自治区、直辖市）公共建筑能耗监测平台建设，对 5 000 栋以上公共建筑的能耗情况进行动态监测，建成覆盖不同气候区、不同类型公共建筑的能耗监测系统，实现公共建筑能耗可监测、可计量。二是要重点加强高校节能监管，规划期内建设 200 所节约型高校，形成节约型校园建设模式，提高节能监管体系管理水平。

3）实施重点城市公共建筑节能改造。财政部、住房和城乡建设部选择在公共建筑节能监管体系建立健全、节能改造任务明确的地区启动建筑节能改造重点城市。规划期内启动和实施 10 个以上公共建筑节能改造重点城市。到 2015 年，重点城市公共建筑单位面积能耗下降 20% 以上，其中大型公共建筑单位建筑面积能耗下降 30% 以上。原则上改造重点城市在批准后两年内应完成改造建筑面积不少于 400 万平方米。各地要高度重视公共建筑的节能改造工作，突出改造效果及政策整体效益。

4）推动高校、公共机构等重点公共建筑节能改造。要充分发挥高校技术、人才、管理优势，会同财政部、教育部积极推动高等学校节能改造示范，高校建筑节能改造示范面积应不低于 20 万平方米，单位面积能耗应下降 20% 以上。在规划期内，启动 50 所高校节能改造示范。积极推进中央本级办公建筑节能改造。财政部、住房和城乡建设部将会同国务院机关事务管理局等部门共同组织中央本级办公建筑节能改造工作。

（4）加快可再生能源建筑领域规模化应用。

1）建立可再生能源建筑应用的长效机制。可再生能源建筑应用要坚持因地制宜的原则，做好可再生能源建筑应用的全过程监管，加强可再生能源建筑应用的资源评估、规划设计、施工验收、运行管理。一是住房城乡建设主管部门要实施可再生能源建筑应用的资源评估，掌握本地区可再生能源建筑资源情况和建筑应用条件，确保可再生能源建筑应用的科学合理。二是要制定可再生能源建筑应用专项规划，明确应用类型和面积，并报请同级人民政府审批。三是制订推广可再生能源建筑应用的实施计划，切实把规划落到实处。四是加强推广应用可再生能源建筑应用的基础能力建设。完善可再生能源建筑应用施工、运行、维护标准，加大可再生能源建筑应用设计、施工、运行、管理、维修人员的培训力度。五是加强可再生能源建筑应用关键设备、产品的市场监管及工程准入管理。六是探索建立可再生能源建筑应用运行管理、系统维护的模式，确保项目稳定高效运行。鼓励采用合同能源管理等多种融资管理模式支持可再生能源建筑应用。

2）鼓励地方制定强制性推广政策。鼓励有条件的省（区、市、兵团）通过出台地方法规、政府令等方式，对适合本地区资源条件及建筑利用条件的可再生能源技术进行强制推广，进一步加大推广力度，力争规划期内资源条件较好的地区都要制定出台太阳能等强制推广政策。

3）集中连片推进可再生能源建筑应用。选择在部分可再生能源资源丰富、地方积极性高、配套政策落实的区域，实行集中连片推广，使可再生能源建筑应用率先实现突破，到 2015 年重点区域内可再生能源消费量占建筑能耗的比例达到 10% 以上。一是做好可再生能源建筑应用省级示范。进一步突出重点，放大政策效应，在有条件地区率先实现可再生能源建筑集中连片应用效果，即在可再生能源资源丰富、建筑应用条件优越、地方能力建设体系完善、已批准可再生能源建筑应用相关示范实施较好的省(区、市),打造可再生能源建筑应用省级集中连片示范区。二是继续做好可再生能源建筑应用城市示范及农村县级示范。示范市县在落实具体项目时,要做到统筹规划,集中连片。已批准的可再生能源建筑应用示范市县要抓紧组织实施,在确保完成示范任务的前提下进一步扩大推广应用,新增示范市县将优先在集中连片推广的重点区域中安排。三是鼓励在绿色生态城、低碳生态城(镇)、绿色重点小城镇建设中,将可再生能源建筑应用作为约束性指标,实施集中连片推广。

4)优先支持保障性住房、公益性行业及公共机构等领域可再生能源建筑应用。优先在保障性住房中推行可再生能源建筑应用,在资源条件、建筑条件具备情况下,保障性住房要优先使用太阳能热水系统。加大在公益性行业及城乡基础设施推广应用力度,使太阳能等清洁能源更多地惠及民生。积极在国家机关等公共机构推广应用可再生能源,充分发挥示范带动作用。住房和城乡建设部、财政部将在确定可再生能源建筑应用推广领域中优先支持上述领域。

5)加大技术研发及产业化支持力度。鼓励科研单位、企业联合成立可再生能源建筑应用工程、技术中心,加大科技攻关力度,加快产学研一体化。支持可再生能源建筑应用重大共性关键技术及产品、设备的研发及产业化,支持可再生能源建筑应用产品、设备性能检测机构和建筑应用效果检测评估机构等公共服务平台的建设。完善支持政策,努力提高可再生能源建筑应用技术水平,做强做大相关产业。

(5)大力推动绿色建筑发展,实现绿色建筑普及化。

1)积极推进绿色规划。以绿色理念指导城乡规划编制,建立包括绿色建筑比例、生态环保、公共交通、可再生能源利用、土地集约利用、再生水利用、废弃物回用等内容的指标体系,作为约束性条件纳入区域总体规划、控制性详细规划、修建性详细规划和专项规划的编制,促进城市基础设施的绿色化,并将绿色指标作为土地出让、转让的前置条件。

2)大力促进城镇绿色建筑发展。在城市规划的新区、经济技术开发区、高新技术产业开发区、生态工业示范园区、旧城更新区等实施100个以规模化推进绿色建筑为主的绿色生态城(区)。政府投资的办公建筑和学校、医院、文化等公益性公共建筑,直辖市、计划单列市及省会城市建设的保障性住房,以及单体建筑面积超过2万平方米的机场、车站、宾馆、饭店、商场、写字楼等大型公共建筑,2014年起执行绿色建筑标准。引导房地产开发类项目自愿执行绿色建筑标准,鼓励房地产开发企业建设绿色住宅小区。到规划期末,北京市、上海市、天津市、重庆市、江苏省、浙江省、福建省、山东省、广东省、海南省,以及深圳市、厦门市、宁波市、大连市城镇新建房地产项目50%达到绿色建筑标准。积极推进绿色工业建筑建设,加强对绿色建筑规划、设计、施工、认证标识和运行监管,研究制定相应的鼓励政策与措施。建立和强化大型公共建筑项目的绿色评估和审查制度。

3)严格绿色建筑建设全过程监督管理。地方政府要在城镇新区建设、旧城更新、棚户区改造等规划中,严格落实各项绿色建设指标体系要求;要加强规划审查,对达不到要求的不予审批。对应按绿色建筑标准建设的项目,要加强立项审查,对未达到要求的,不予审批、核准和备案;加强土地出让监管,对不符合土地出让规划许可条件要求的,不予出让;要在施工图设计审查中增加绿色建筑内容,未通过审查的,不得开工建设;加强施工监管,确保按图施工;未达到绿色建筑认证标识的,不得投入运行使用。自愿执行绿色建筑标准的项目,要建立备案管理制度,加强监管。建设单位应在房屋施工、销售现场明示建筑的各项性能。

4)积极推进不同行业绿色建筑发展。实现绿色建筑规模化发展要充分发挥和调动相关部门的积极性，将绿色建筑理念推广应用到相关领域、相关行业中。要会同教育主管部门积极推进绿色校园，会同卫生主管部门共同推进绿色医院，会同旅游主管部门共同推进绿色酒店，会同工业和信息化部门共同推进绿色厂房，会同商务部门共同推进绿色超市和商场。要建立和完善覆盖不同行业、不同类型的绿色建筑标准。会同相关部门出台不同行业、不同类型绿色建筑的推进意见，明确发展目标、重点任务和措施，加强考核评价。会同财政部门出台支持不同行业、不同类型绿色建筑发展的经济激励政策。地方建筑主管部门要积极与地方相关部门协调，出台适合本地的标准和经济激励政策，科学合理地制定推进方案，完善评价细则，以绿色建筑引导不同行业、不同类型绿色建筑的发展。

（6）积极探索，推进农村建筑节能。鼓励农民分散建设的居住建筑达到节能设计标准的要求，引导农房按绿色建筑的原则进行设计和建造，在农村地区推广应用太阳能、沼气、生物质能和农房节能技术，调整农村用能结构，改善农民生活质量。支持各省（自治区、直辖市）结合社会主义新农村建设，建设一批节能农房。支持 40 万农户结合农村危房改造，开展建筑节能示范。

（7）积极促进新型材料推广应用。因地制宜、就地取材，结合当地气候特点和资源禀赋，大力发展安全耐久、节能环保、施工便利的新型建材。加快发展集保温、防火、降噪、装饰等功能于一体的与建筑同寿命的建筑保温体系和材料。积极发展加气混凝土制品、烧结空心制品、防火防水保温等功能一体化墙体和屋面、低辐射镀膜玻璃、断桥隔热门窗、太阳能光伏发电或光热采暖制冷一体化屋面和墙体、遮阳系统等新型建材及部品。推广应用再生建材。引导发展高强度混凝土、高强钢，大力发展商品混凝土。深入推进墙体材料革新，推动"禁实"（即禁止使用实心黏土砖）向纵深发展。在全国范围选择确定新型节能建材产品技术目录，并依据产品质量、施工质量、节能效果等因素对目录进行动态调整。研究建立绿色建材认证制度，引导市场消费行为。会同质量监督部门加强建材生产、流通和使用环节的质量监管和稽查。加大对新型建材产业和建材综合利废的支持力度，择优扶持相关企业，组织开展新型建材产业化示范和资源综合利用示范工程的建设。

（8）推动建筑工业化和住宅产业化。加快建立预制构件设计和生产、新型结构体系、装配化施工等方面的标准体系，推动结构件、部品、部件的标准化，丰富标准件的种类，提高通用性、可置换性。推广适合工业化生产的预制装配式混凝土、钢结构等建筑体系。加快发展建设工程的预制、装配技术，提高建筑工业化技术集成水平。支持整合设计、生产、施工全过程的工业化基地建设，选择条件具备的城市进行试点，加快市场推广应用。

（9）推广绿色照明应用。积极实施绿色照明工程示范，鼓励因地制宜地采用太阳能、风能等可再生能源为城市公共区域提供照明用电，扩大太阳能光电、风光互补照明应用。

第2章　建筑节能基础知识

2.1　建筑气候分区

我国《民用建筑热工设计规范》(GB 50176—2016)中的气候分区从建筑热工设计的角度出发，用累年最冷月(1月)和最热月(7月)平均温度作为分区主要指标，累年日平均温度≤5 ℃和≥25 ℃的天数作为辅助指标，将全国划分为严寒、寒冷、夏热冬冷、夏热冬暖和温和五个气候区，主要城市所处气候分区见表2.1。

表2.1　主要城市所处气候分区

气候分区	代表性城市
严寒地区 A 区	海伦、博克图、伊春、呼玛、海拉尔、满洲里、齐齐哈尔、富锦、哈尔滨、牡丹江、克拉玛依、佳木斯、安达
严寒地区 B 区	长春、乌鲁木齐、延吉、通辽、通化、四平、呼和浩特、抚顺、大柴旦、沈阳、大同、本溪、半新、哈密、鞍山、张家口、酒泉、伊宁、吐鲁番、西宁、银川、丹东
寒冷地区	兰州、太原、唐山、阿坝、喀什、北京、天津、大连、阳泉、平凉、石家庄、德州、晋城、大水、西安、拉萨、康定、济南、青岛、安阳、郑州、洛阳、宝鸡、徐州
夏热冬冷地区	南京、蚌埠、盐城、南通、合肥、安庆、九江、武汉、黄石、岳阳、汉中、安康、上海、杭州、宁波、宜昌、长沙、南昌、株洲、永州、赣州、韶关、桂林、重庆、达县、万州、涪陵、南充、宜宾、成都、贵阳、遵义、凯里、绵阳
夏热冬暖地区	福州、莆田、龙岩、梅州、兴宁、英德、河池、柳州、贺州、泉州、厦门、广州、深圳、湛江、汕头、海口、南宁、北海、梧州

(1)严寒地区。严寒地区是指累年最冷月平均温度低于或等于零下10 ℃的地区，主要包括内蒙古和东北北部、新疆北部地区、西藏和青海北部地区。这一地区的建筑必须充分满足冬季保温要求，一般可不考虑夏季防热。

(2)寒冷地区。寒冷地区是指每年最冷月平均温度为0 ℃～−10 ℃，主要包括华北、新疆和西藏南部地区及东北南部地区。这一地区的建筑应满足冬季保温要求，部分地区兼顾夏季防热。

(3)夏热冬冷地区。夏热冬冷地区是指累年最冷月平均温度为0 ℃～10 ℃，最热月平均温度为25 ℃～30 ℃的地区。其主要包括长江中下游地区，以及南岭以北、黄河以南的地区。这一地区的建筑必须满足夏季防热要求，适当兼顾冬季保温。

(4)夏热冬暖地区。夏热冬暖地区是指累年最冷月平均温度高于10 ℃，最热月平均温度为 25 ℃～29 ℃的地区。其主要包括南岭以南及南方沿海地区。这一地区的建筑必须充分满足夏季防热要求，一般可不考虑冬季保温。

（5）温和地区。温和地区是指累年最冷平均温度为 0 ℃～13 ℃，最热月平均温度为 18 ℃～25 ℃的地区。其主要包括云南、贵州西部及四川南部地区。在这一地区中，部分地区的建筑应考虑冬季保温，一般可不考虑夏季防热。

由此可知，建筑的节能设计必须与当地气候特点相适应。我国幅员辽阔，地形复杂，由于当地纬度、地势和地理条件等不同，因此各地气候差异很大。不同的气候条件会对节能建筑的设计提出不同的设计要求。如炎热地区的节能建筑需要考虑建筑防热综合措施，以防夏季室内过热；严寒、寒冷和部分气候温和地区的节能建筑则需要考虑建筑保温的综合措施，以防冬季室内过冷；夏热冬冷地区和部分寒冷地区夏季较为炎热，冬季又较为寒冷，此时节能建筑不但要考虑夏季隔热，还要兼顾冬季保温。为了体现节能建筑和地区气候间的科学联系，做到因地制宜，必须做出考虑气候特点的节能设计气候分区，以使各类节能建筑能充分利用和适用当地的气候条件，同时防止和削弱不利气候条件的影响。

2.2　建筑节能术语

1. 围护结构

围护结构是指分隔建筑室内与室外，以及建筑内部使用空间的建筑部件。其可分为外围护结构和内围护结构。外围护结构包括外墙、屋面、外窗、外门（包括阳台门）等；内围护结构包括分为户墙、顶棚和楼板。外围护结构部分是建筑节能设计重点关注的部位。

2. 冷桥

冷桥在南方地区又称为热桥，是南北方对同一事物现象的叫法，主要是指在建筑物外围护结构与外界进行热量传导时，由于围护结构中的某些部位的传热系数明显大于其他部位，使得热量集中地从这些部位快速传递，从而增大了建筑物的空调、采暖负荷及能耗。

常见的冷桥部位为钢筋混凝土的圈梁、过梁、柱子等部位，在室内外温差作用下，形成热流密集、内表面温度较低的部位，这些部位如果处理不当，会在其内表面出现结露、结霜的现象。

为此，冷桥部位在设计时，要采取保温措施，以保证内表面温度不低于室内空气露点温度。

3. 导热系数(λ)和热阻(R)

导热系数(λ)是指在稳定传热条件下，1 m 厚的材料，两侧表面的温差为 1 K（或℃），在 1 秒（1 s）内，通过 1 m^2 面积传递的热量，单位为瓦/（米·度）$[W/(m \cdot K)$，此处 K 可用 ℃代替]。

热阻(R)是材料层抵抗热流通过的能力，其大小等于材料厚度与导热系数的比值，单位为($m^2 \cdot K$)/W。其计算公式为

$$R = \frac{\delta}{\lambda} \tag{2-1}$$

式中　R——材料层的热阻$[(m^2 \cdot K)/W]$；

δ——材料层的厚度(m);

λ——材料的导热系数[W/(m·K)],根据《民用建筑热工设计规范》(GB 50176—2016)中的附录B取值。

4. 体形系数(S)

体形系数(S)是指建筑物和室外大气接触的外表面积与其所包围体积的比值。一般来讲,体形系数越小,对节能越有利,从降低建筑能耗的角度出发,应该将体形系数控制在一个较低的水平上。

5. 窗墙面积比(S)

窗墙面积比(S)是指窗户洞口面积与其所在外立面面积的比值,普通窗户的保温隔热性能比外墙差很多,而且夏季白天太阳辐射还可以通过窗户直接进入室内。一般来说,窗墙面积比越大,建筑物的能耗也越大。

平均窗墙面积比(CM)是指整栋建筑外墙面上的窗及阳台门的透明部分的总面积与整栋建筑的外墙面的总面积(包括其中的窗及阳台门的透明部分面积)之比。

6. 传热系数(K)和传热阻(R_0)

传热系数(K)是指在稳态条件下,围护结构两侧空气温度差为1 ℃,单位时间内通过1 m²面积传递的热量,单位是W/(m²·K),是表征围护结构传递热量能力的指标。K值越小,围护结构的传热能力越低,其保温隔热性能越好。例如,180厚钢筋混凝土墙的传热系数是3.26 W/(m²·K);普通240砖墙的传热系数是2.1 W/(m²·K);190厚加气混凝土砌块的传热系数是1.12 W/(m²·K)。由此可知,190厚加气混凝土砌块的隔温性能优于240砖墙,更优于180厚的钢筋混凝土墙。

传热阻(R_0)是传热系数K的倒数,即$R_0=1/K$,单位是平方米·度/瓦[(m²·K)/W],由此,围护结构的传热阻R_0值越大,保温性能越强。

7. 蓄热系数(S)

蓄热系数(S)是指当某一足够厚度的单一材料层一侧受到谐波热作用时,通过表面的热流波幅与表面温度波幅的比值,单位为W/(m²·K),其是材料在周期性热作用下得出的一个热物理量。材料的蓄热系数越大,其热稳定性越大,越有利于材料隔热。

8. 热惰性指标(D)

热惰性指标(D)是表征围护结构对温度波衰减快慢程度的量纲为1的指标,其值等于材料层热阻与蓄热系数的乘积。D值越大,温度波在其中的衰减越快,围护结构的热稳定性越好,越有利于节能;D值越小,建筑内表面温度会越高,影响人体热舒适性。其计算公式为

$$D=S\times R \tag{2-2}$$

式中 S——材料蓄热系数[W/(m²·K)],查《民用建筑热工设计规范》(GB 50176—2016)附录B可得;

R——材料热阻[(m²·K)/W](试验室检测或者查表获得)。

例如,200厚的烧结普通砖,$S=10.63$ W/(m²·K),$R=0.25$(m²·K)/W,按照公式得出$D=2.62$。200厚的加气混凝土砌块$D=3.26$,则加气混凝土砌块的热稳定性优于烧结普通砖。

9. 遮阳系数(SC)

遮阳系数(SC)是指实际透过窗玻璃的太阳辐射热与透过3 mm厚透明玻璃的太阳辐射

热的比值。它是表征窗户透光系统遮阳性能的量纲为 1 的指标，其值在 0～1 范围内变化。SC 越小，通过窗户透光系统的太阳辐射的热量越小，其遮阳性能越好。其计算公式为

$$SC = \frac{g}{\tau_s} \qquad (2\text{-}3)$$

式中　SC——试样的遮阳系数；

　　　g——试样的太阳能总透射比（%）；

　　　τ_s——3 mm 厚普通透明玻璃的太阳能总透射比，理论值为 88.9%。

外窗的综合遮阳系数（SW）是考虑窗本身和窗口的建筑外遮阳装置综合遮阳效果的一个系数。其值为窗本身的遮阳系数（SC）与窗口的建筑外遮阳系数（SD）的乘积。

我国南方地区，建筑外窗对室内热环境和空调负荷影响很大，通过外窗进入室内的太阳辐射热几乎不经过时间延迟就会对房间产生热效应。特别是在夏季，太阳辐射如果未受任何控制地射入房间，将导致室内环境过热和空调能耗的增加。因此，采取有效的遮阳措施，降低外窗太阳辐射形成的空调负荷，是实现居住建筑节能的有效方法。由于一般公共建筑的窗墙面积比较大，因而太阳辐射对建筑能耗的影响很大。为了节约能源，应对窗口和透明幕墙采取外遮阳措施。

10. 保温和隔热

保温通常是指外围护结构（包括屋顶、外墙、门窗等）在冬季阻止由室内向室外传热，从而使室内保持适当温度的能力。

隔热通常是指围护结构在夏季隔离太阳辐射热和室外高温的影响，从而使其内表面保持适当温度的能力。

保温和隔热的区别有以下几点：

（1）传热过程不同。保温针对冬季，以稳定传热为主（冬季室外气温在一天中变化很小）；隔热针对夏季，以不稳定传热为主（夏季室外气温在一天中变化较大）。

（2）评价指标不同。保温通常以传热系数或传热阻评价，隔热通常以热惰性指标评价，透明玻璃用遮阳系数评价。

（3）节能措施不同。保温应当降低材料传热系数，提高热阻，采用轻质多孔或纤维类材料；隔热不仅要提高材料的热阻，还要提高材料的热稳定性，即提高材料的热惰性指标，对于外窗，还应该降低玻璃的遮阳系数或设置遮阳。

11. 可见光透射比（Tvis）

可见光透射比是指透过透明材料的可见光光通量与投射在其表面上的可见光光通量之比。

12. 被动采暖

被动采暖是指不通过专用采暖设备，只利用外部辐射得热和室内得热，提高室内温度的做法。

13. 采暖期天数（Z_h）

采暖期天数是指累年日平均温度低于或等于 5 ℃的天数，单位为 d。

14. 采暖期室外平均气温（t）

采暖期室外平均气温是指当地气象台（站）冬季室外平均温度低于或等于 5 ℃的累年平均值，单位为℃。

15. 空调降温期天数 (Z_c)

累年日平均温度高于或等于 26 ℃ 的天数，称为设计计算用空调降温期天数，单位为 d。

16. 空调降温期室外平均气温 (to)

空调降温期室外平均气温是指当地气象台(站)夏季室外日平均温度高于或等于 26 ℃ 的累年平均值，单位为 ℃。

17. 采暖度日数 (HDD18)

在一年中，当某天室外平均温度低于 18 ℃ 时，将低于 18 ℃ 的度数乘以 1 d，并将此乘积累加即得到采暖度日数。

18. 空调度日数 (CDD26)

空调度日数是指在一年中，当某天室外平均温度低于 26 ℃ 时，将低于 26 ℃ 的度数乘以 1 d，并将此乘积累加即得到空调度日数。

19. 典型气象年 (TMY)

以近 30 年的月平均值为依据，从近 10 年的资料中选取一年各月接近 30 年的平均值作为典型气象年。由于选取的月平均值在不同的年份，资料不连续，还需要进行月间平滑处理。

20. 建筑物耗热量指标 (q_h)

建筑物耗热量指标是指在设计计算用采暖期室外平均温度条件下，为保持室内全部房间平均计算温度为 18 ℃，单位建筑面积在单位时间内消耗的、需由室内供暖设备提供的热量，单位为 W/m²。

21. 建筑物耗冷量指标 (q_c)

建筑物耗冷量指标是指在设计计算用空调降温期室外平均温度条件下，为保持室内全部房间平均计算温度为 26 ℃，单位建筑面积在单位时间内消耗的、需由室内空调设备提供的制冷量，单位为 W/m²。

22. 建筑耗电量指标 ($q_e \cdot r$)

建筑耗电量指标是指在设计计算温度条件下，为保持室内计算温度，单位建筑面积全年消耗的电量，单位为 (kW·h)/m²。

23. 太阳辐射吸收系数 (ρ)

太阳辐射吸收系数是表征建筑材料表面对太阳辐射热吸收的能力的量纲为 1 的指标，是一个小于 1 的系数。

2.3　建筑节能计算初步

2.3.1　体形系数

体形系数是指建筑物和室外大气接触的外表面积与其所包围体积的比值。其计算公式为

$$S = F_0/V_0 \qquad (2\text{-}4)$$

式中　F_0——建筑物与室外大气接触的外表面积（m²）（不包括地面和不采暖楼梯间隔墙与户门的面积）；

　　　V_0——外表面所包围的建筑体积（m³）。

计算要求如下：

(1)建筑外墙面面积应按各层外墙外包线围成的面积总和计算。

(2)建筑物外表面积应按墙面面积、屋顶面积和下表面直接接触室外空气的楼板（外挑楼板、架空层顶板）面积的总面积计算。不包括地面面积，不扣除外门窗面积。

(3)建筑体积应按建筑物外表面和底层地面围成的体积计算。

体形系数的大小对建筑能耗的影响非常显著。体形系数越小，单位建筑面积对应的外表面积越小，外围护结构的传热损失就越小。因此，从降低建筑能耗的角度出发，应该将体形系数控制在一个较低的水平。但体形系数的大小与建筑造型、平面布局、采光通风等条件紧密相关。体形系数限值规定过小，将制约建筑师们的创造性，造成建筑造型呆板，平面布局困难，甚至损害建筑功能。

严寒和寒冷地区公共建筑体形系数应符合表 2.2 的规定。

表 2.2　严寒和寒冷地区公共建筑体形系数

单栋建筑面积 A/m^2	公共建筑体形系数
$300 < A \leqslant 800$	$\leqslant 0.50$
$A > 800$	$\leqslant 0.40$

【例 2-1】　三栋建筑物，每栋有 10 层，建筑高度为 30 m，每层建筑面积都为 600 m²，平面形状如图 2.1 所示，试求三栋建筑物的体形系数。

例 2-1 解答

若三栋建筑楼层改为 6 层 18 m 高时，其体形系数的变化如何？请思考体形系数该如何控制。

在实际工程中，控制体形系数的做法如下：

(1)减少建筑的面宽，加大建筑的进深。面宽与进深之比不宜过大，长宽比应适宜。

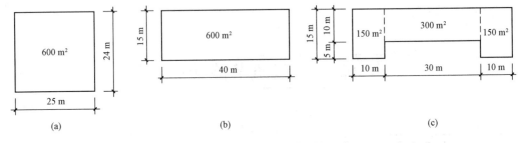

图 2.1　不同平面形状的建筑尺寸

(2)增加建筑的层数，多分摊屋面或架空楼板面积。

(3)建筑体型不宜变化过多，立面不宜太复杂，造型宜简练。

2.3.2 窗墙面积比

窗墙面积比是指窗户洞口面积与其所在外立面面积的比值，按下式计算：

$$X = \frac{\sum A_c}{\sum A_w} \tag{2-5}$$

式中 $\sum A_c$——同一朝向的外窗（含透明幕墙）及阳台门透明部分洞口总面积（m^2）；

$\sum A_w$——同一朝向外墙总面积（含该外墙上的窗面积）（m^2）。

按照《公共建筑节能设计标准》（GB 50189—2015）的规定，严寒地区甲类公共建筑各单一立面窗墙面积比（包括透光幕墙）均不宜大于 0.60；其他地区甲类公共建筑各单一立面窗墙面积比（包括透光幕墙）均不宜大于 0.70。

公共建筑节能设计标准
GB 50189—2015

【例 2-2】 某办公建筑南面为 32 m（4 m，8 开间），层高为 3 m，四层，每层设窗（3 m 宽×1.5 m 高）各 8 个，求此建筑南面的平均窗墙比。

外窗的保温隔热能力明显弱于外墙和屋面，是建筑节能中的薄弱部位。近年来，公共建筑和住宅建筑的窗墙面积比有越来越大的趋势，这是由于人们希望室内有更通透明亮的空间，以及更独特的外立面造型，但与此同时，建筑的热工性能也变差，导致室内的能耗大大增加，特别是在冬季和夏季，采暖和空调的用能巨大。从节能角度出发，应限制窗墙面积比，窗墙面积比越大，采暖、空调的能耗也越大。一般情况下，应以满足室内采光要求作为窗墙面积比的确定原则。

例 2-2 解答

2.3.3 传热系数

传热系数是指在稳态条件下，围护结构两侧空气温度差为 1 ℃，单位时间内通过 1 m^2 面积传递的热量，单位是 W/(m^2·K），是表征围护结构传递热量能力的指标。

传热系数的计算包括热阻和传热阻的计算。

1. 单一材料层的热阻计算

$$R_J = \frac{\delta_j}{\lambda_{cj}} \tag{2-6}$$

式中 δ_j——材料层厚度（m）；

λ_{cj}——材料计算导热系数[W/(m·K)]；

R_J——材料的热阻[(m^2·K)/W]。

2. 围护结构热阻计算

由于墙体往往由若干层材料组成，其热阻值为各层材料热阻值之和。即

$$\sum R = R_1 + R_2 + \cdots + R_n = \frac{\delta_1}{\lambda_1} + \frac{\delta_2}{\lambda_2} + \cdots + \frac{\delta_n}{\lambda_n}$$

式中　R_1，R_2，$\cdots$，R_n——各层材料的热阻$[(m^2 \cdot K)/W]$；

　　　　δ_1，δ_2，$\cdots$，δ_n——各层材料的厚度(m)；

　　　　λ_1，λ_2，$\cdots$，λ_n——各层材料的导热系数$[W/(m \cdot K)]$。

3. 围护结构传热阻计算

$$R_0 = R_i + \sum R + R_e \tag{2-7}$$

式中　R_i——内表面换热阻。一般情况下，$R_i = 0.11(m^2 \cdot K)/W$；

　　　　R_e——外表面换热阻。一般情况下，$R_e = 0.04(m^2 \cdot K)/W$（冬季）或 $0.05(m^2 \cdot K)/W$（夏季）。

内表面换热阻（R_i）、外表面换热阻（R_e）是围护结构两侧表面空气边界层阻抗传热能力的物理量。

4. 传热系数计算

$$K = \frac{1}{R_0} = \frac{1}{R_i + \sum R + R_e} \tag{2-8}$$

【例 2-3】 某工程外墙采用内保温形式，从内到外，材料层为 50 mm 厚胶粉聚苯颗粒保温浆料、200 mm 厚钢筋混凝土、20 mm 厚水泥砂浆，试计算该墙体的传热系数与热阻[所用材料导热系数：胶粉聚苯颗粒保温浆料为 0.060 W/(m·K)，钢筋混凝土为 1.74 W/(m·K)，水泥砂浆取 0.93 W/(m·K)，$K = 1/(R_i + R_0 + R_e)$。$R_i = 0.11(m^2 \cdot K)/W$，$R_e = 0.04(m^2 \cdot K)/W$]。

例 2-3 解答

2.3.4　热惰性指标

热惰性指标是综合反映建筑物外墙隔热能力的基本指标，是目前评价居住建筑节能设计标准中，评价外墙和屋面隔热能力的一个设计指标。其表征围护结构反抗温度波动和热流波动的能力，为量纲为 1 的指标。

单一材料围护结构的 D 值，其计算公式如下：

$$D = R \cdot S = \frac{\delta}{\lambda} \cdot S \tag{2-9}$$

式中　R——材料层热阻$[(m^2 \cdot K)/W]$；

　　　　S——材料蓄热系数$[W/(m^2 \cdot K)]$，各材料 S 值可通过查阅规范得到；

　　　　δ——材料的厚度(m)；

　　　　λ——材料的导热系数$[W/(m \cdot K)]$。

多层围护结构的热惰性指标计算：

$$\sum D = D_1 + D_2 + \cdots + D_n = R_1 S_1 + R_2 S_2 + \cdots + R_n S_n \tag{2-10}$$

【例 2-4】 根据例 2-3 的已知条件，胶粉聚苯颗粒保温浆料的 S 值取 1.9 W/(m²·K)，钢筋混凝土 S 值取 17.06 W/(m²·K)，水泥砂浆取 11.31 W/(m²·K)，求其热惰性指标 D 值。

例 2-4 解答

第3章 建筑热工学原理

建筑热工学是指通过建筑上的规划，有效地防护或利用室内外热作用，经济、合理地解决房屋的保温、防热、防潮、日照等问题；配备适当的设备调节（采暖、空调），创造和完善装配房屋的建筑构件（采用各种物理性质的新隔热材料、饰面材料和结构材料等）。

3.1 建筑传热基础知识

传热是指物体内部或者物体与物体之间热能转移的现象。凡是一个物体的各个部分或物体与物体之间存在着温度差，就必然有热能的转移现象发生。建筑物内外热流的传递状况是随发热体（热源）的种类、受热体（房屋）部位及其媒介（介质）围护结构的不同情况而变化的。热流的传递称为传热。

3.1.1 自然界的传热

建筑中的传热依赖于自然界中的传热原理，即热量从高温物体传向低温物体，其传热方式有导热、对流和辐射三种。

1. 导热

导热又称为热传导，其是指温度不同的物体直接接触时，靠物质微观粒子的热运动而引起的热能转移现象。建筑传导传热主要是指墙体内侧和外侧温度不同所进行的热量传递。导热可以在固体、液体和气体中发生，但只有在密实的固体中才存在单纯的导热过程，其各自的导热机理不同。固体导热是由于相邻分子发生的碰撞和自由电子迁移引起的热能传递；液体导热是由平衡位置间歇移动着的分子振动引起的；气体导热是通过分子无规则运动时相互碰撞引起的热能传递。

导热系数 λ 是表征材料导热能力大小的物理量，单位是 $W/(m \cdot K)$。其数值是物体中单位温度降度（即 1 m 厚的材料的两侧温度相差 1 K 时），单位时间内通过单位面积所传导的热量。

各种材料导热系数 λ 的大致范围是：

气体：$0.006 \sim 0.6\ W/(m \cdot K)$

液体：$0.07 \sim 0.7\ W/(m \cdot K)$

金属：$2.2 \sim 420\ W/(m \cdot K)$

建筑材料和绝热材料：$0.025 \sim 3\ W/(m \cdot K)$

工程上常用 λ 值为 $0.30\ W/(m \cdot K)$，作为保温材料和非保温材料的分界值。$\lambda >$

0.20 W/(m·K)的材料一般不应作为保温材料使用。绝热材料一般是轻质、疏松、多孔的纤维状材料。建筑中常用的绝热材料有石棉、硅藻土、珍珠岩、气凝胶毡、玻璃纤维、泡沫混凝土、聚苯乙烯泡沫塑料、聚氨酯泡沫塑料等。另外，空气在常温、常压下导热系数很小，所以，围护结构空气层中静止的空气具有良好的保温能力。

不同材料的导热系数不但因物质的种类而异，而且还和材料的温度、湿度、压力及密度等因素有关。而影响导热系数的主要因素是材料的密度和湿度。

(1)干密度。材料的干密度反映材料密实的程度，材料越密实，干密度越大，材料内部的孔隙越少，其导热性能也就越强。在建筑材料中，一般来说，干密度大的材料，导热系数也大，尤其是像泡沫混凝土、加气混凝土等一类的多孔材料，表现得很明显。但是对于一些干密度较小的保温材料，特别是某些纤维状材料和发泡材料，如玻璃棉，当密度低于某个值以后，其导热系数反而会增大。在最佳干密度下，该材料的导热系数最小。

(2)湿度。建筑材料含水后，水或冰填充了材料孔隙中空气的位置，导热系数将显著增大，水的导热性能约比空气高20倍，因此，材料含湿量的增大必然使导热系数值增大。在建筑保温、隔热、防潮设计时，都必须考虑到这种影响。

(3)温度。大多数材料的导热系数随温度的升高而增大。在工程计算中，导热系数常取使用温度范围内的算术平均值，并当作常数。

(4)热流方向。各向异性材料(如木材、玻璃纤维)，平行于热流方向时，导热系数较大；垂直于热流方向时，导热系数较小。

2. 对流

对流是由温度不同的各部分流体之间发生相对运动、互相掺和而传递热能。因此，对流传热发生在流体(液体、气体)之中或者固体表面和与其紧邻的运动流体之间，如图 3.1 所示。

对流可分为自然对流和强迫对流两种。自然对流往往自然发生，是由于浓度差或者温度差引起密度变化而产生的对流。流体内的温度梯度会引起密度梯度变化，若低密度流体在下，高密度流体在上，则将在重力作用下形成自然对流。如在采暖房间中，采暖设备周围的空气被加热升温，密度减小而上浮，临近较冷空气，密度较大

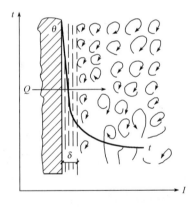

图 3.1 固体表面和与其紧邻的流体对流传热

而下沉，形成对流传热；在门窗附近，由缝隙进入的冷空气，温度低、密度大，流向下部，热空气上升，又被冷却下沉形成对流换热。强迫对流是由于外力的推动而产生的对流，加大液体或气体的流动速度，能加快对流传热。如冬季开窗后，室外冷空气进入室内，导致室内温度下降，即为风作用下的受迫对流。

图 3.1 所示为一固体表面与其紧邻的流体对流传热情况。假设固体表面温度 θ 高于流体温度 t，则热流由固体表面传向流体。若仔细观察对流传热过程，可以看出：因受摩擦力的影响，在紧贴固体壁面处有一平行于固体壁面流动的流体薄层，称为层流边界层，其垂直壁面的方向主要传热方式是导热，它的温度分布呈倾斜直线状；而在远离壁面的流体核心部分，流体呈紊流状态，因流体的剧烈运动而使温度分布比较均匀，呈一水平线；在层流边界层与流体核心部分之间为过渡区，温度分布可近似看作抛物线。由此可知，对流传

热的强弱主要取决于层流边界层内的换热与流体运动发生的原因、流体运动状况、流体与固体壁面温差、流体的物性、固体壁面的形状、大小位置等因素。

3. 辐射

辐射是指依靠物体表面向外发射电磁波（能显著产生热效应的电磁波）来传递能量的现象。参与辐射热交换的两物体不需要直接接触，这是有别于导热和对流传热的地方。如太阳和地球。人们将电磁波分成不同波段，如图 3.2 所示，其中波长在 $0.76 \sim 1\,000$ mm 范围称为红外线，照射物体能产生热效应；通常把波长在 $0.1 \sim 100$ μm 范围内的电磁波称为热射线，热效应最为显著。热射线的传播过程称为热辐射。

（1）辐射传热的特点。

1）辐射换热与导热、对流传热不同，它不依靠物质的接触而进行热量传递。

2）辐射换热过程伴随着能量形式的两次转化，即物体的部分内能转化为电磁波能发射出去，当此电磁波能射到另一物体表面而被吸收时，电磁波能又转化成内能。

3）一切高温物体只要温度高于绝对零度（0 K），都会不断发射热射线，当物体有温差时，高温物体辐射给低温物体的能量多于低温物体辐射给高温物体的能量。

（2）物体的辐射特性。物体对外来辐射的反应分为反射、吸收和透射，如图 3.3 所示，它们

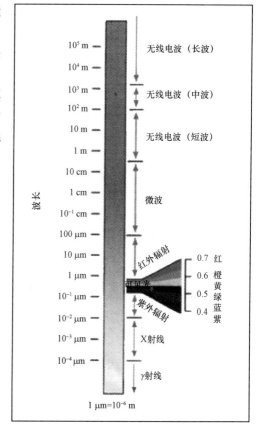

图 3.2 太阳辐射电磁波谱图

与入射辐射的比值分别叫作物体对辐射的反射系数 r、吸收系数 ρ、透过系数 τ。以入射辐射为 1，则有 $r + \rho + \tau = 1$。

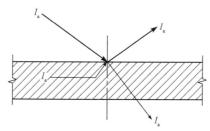

图 3.3 辐射热的吸收、反射与透射

物体按其辐射特性，可分为黑体、白体、透明体和灰体。

1）黑体是指对外来辐射全吸收的物体，辐射能力最大，$\rho = 1$。

2）白体是指对外来辐射全反射的物体，$r = 1$。

3）透明体是指对外来辐射全透过的物体，$\tau = 1$。

4）灰体是指自然界中介于黑体与白体之间的不透明物体。一般建筑材料均可看作

灰体。

（3）影响材料吸收率、反射率、透射率的因素。材料的吸收系数、反射系数、透射系数是物体表面的辐射特性，与物体的性质、温度及表面状况有关，还与辐射能量的波长分布有关。

对于任一特定的波长，材料表面对外来辐射的吸收系数与其自身的发射率或黑度在数值上是相等的，所以材料的辐射能力越大，它对外来辐射的吸收能力也越大。常温下，一般材料对辐射的吸收系数可取其黑度值，对来自太阳的辐射，材料的吸收系数并不等于物体表面的黑度。

物体对不同波长的外来辐射的反射能力不同，对短波辐射，颜色起主导作用。但对长波辐射，材料导电性（导体还是非导体）起主导作用。在阳光下，黑色物体与白色物体的反射能力相差很大，白色反射能力更强，而在室内，黑、白物体表面的反射能力相差极小。对于建筑物来说，外围护的外表面涂成白色或浅色，而且做的光滑，可以减少对太阳辐射热的吸收，对防热是有好处的。

玻璃作为建筑常用的材料属于选择性辐射体，其透射率与外来辐射的波长有密切的关系。易于透过短波而不易透过长波是玻璃建筑具有温室效应的原因，如图 3.4 所示。

温室效应原理

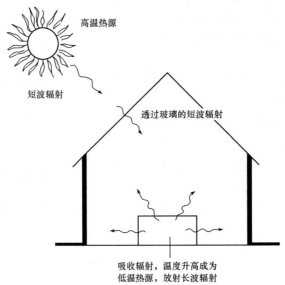

图 3.4　温室效应

3.1.2　建筑围护结构的传热

1. 平壁的稳定传热过程

传热过程是指室内外热环境通过围护结构而进行的热量交换过程，其包含导热、对流及辐射方式的换热，是一种复杂的换热过程。温度场不随时间而变化的传热过程叫作稳定的传热过程。

假设一个三层的围护结构，平壁厚度分别为 d_1、d_2、d_3，导热系数分别为 λ_1、λ_2、λ_3。

围护结构两侧空气及其他物体表面温度分别为 t_i 和 t_e，假定 $t_i > t_e$（图 3.5）。室内通过围护结构向室外传热的整个过程，需要经历以下三个阶段：

（1）内表面吸热（因 $t_i > \theta_i$，对平壁内表面来说得到热量，所以叫作吸热）。其是对流换热与辐射换热的综合过程。

（2）平壁材料层的导热。材料层的导热量与材料层的结构、材料的热阻、厚度等有关。

（3）外表面的散热（因 $\theta_e > t_e$，平壁外表面失去热量，所以叫作散热）。其与平壁内表面吸热相似，只不过是平壁把热量以对流及辐射的方式传给室外空气及环境。

由此可知，建筑物的传热通常是以辐射、对流、导热三种方式同时进行，是综合作用的效果。

以屋顶某处传热为例，太阳照射到屋顶某处的辐射热，其中 20%～30% 的热量被反射，其余一部分热量以导热的方式经屋顶的材料传向室内，另一部分则由屋顶表面向大气辐射，并以对流换热的方式将热量传递给周围空气，如图 3.6 所示。

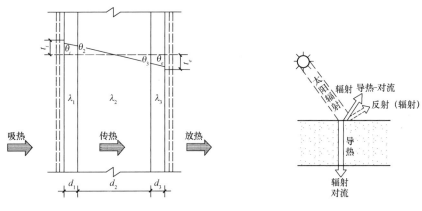

图 3.5　平壁稳定传热　　　　图 3.6　屋顶传热示意

需要注意的是，建筑物围护结构的内、外热作用是随室外环境改变而变化的，由于室外的气候和天气随时间的变化而变化，所以建筑物围护结构的内、外热作用也要不同程度地随着时间而变化，如果外界热作用随着时间而呈周期性变化，则称为周期性传热。

由于气候的变化接近周期性变化，如一年四季春夏秋冬，周而复始，一天中的周期性变化以日出日没、昼夜交替为特征，所以，建筑物围护结构的内、外热作用实际上可以认为是一种周期性热作用。

2. 建筑得热与失热的途径

冬季采暖房屋的正常温度是依靠采暖设备的供暖和围护结构的保温之间相互配合，以及建筑的得热量与失热量的平衡得以实现的。其可用下式表示：

$$采暖设备散热 + 建筑物内部得热 + 太阳辐射得热 = 建筑物总得热 \tag{3-1}$$

非采暖区的房屋建筑可分为两种类型：第一类是采暖房屋有采暖设备，总得热同上；第二类是采暖房屋没有采暖设备，总得热为建筑物内部得热加太阳辐射得热两项，一般仍能保持比室外日平均温度高 3 ℃～5 ℃。

对于有室内采暖设备散热的建筑，室内外日平均温差，北京地区可达 20 ℃～27 ℃，哈尔滨地区可达 28 ℃～44 ℃。由于室内外存在温差，且围护结构不能完全绝热和密闭，导致热量从室内向室外散失。建筑得热和失热的途径及其影响因素是研究建筑采暖和节能的基础。

(1)建筑得热因素。在一般房屋中，热量来源有以下几种：

1)通过外围护结构的传热和对流辐射向室外散热。

2)空气渗透和通风带走热量。

3)地面传热。

4)室内水分蒸发，水蒸气排出室外所带走的热量。

5)制冷设备吸热。

(2)建筑失热因素。一般房间建筑中，散失热量的途径有下列几种：

1)通过墙和屋顶的太阳辐射得热。

2)通过窗的太阳辐射得热。

3)居住者的人体散热。

4)电灯和其他设备散热。

5)采暖设备散热。

3.2　建筑传湿

3.2.1　湿空气的概念

湿空气是指干空气与水蒸气的混合物，室内外的空气都是含有一定水分的湿空气，湿空气的压力等于干空气的分压力和水蒸气的分压力之和。

空气湿度是指空气中水蒸气的含量。常用绝对湿度、相对湿度、露点温度等物理量来表示。

(1)绝对湿度 f。绝对湿度是指单位容积空气所含水蒸气的质量，用 f 表示，单位为 g/m^3。饱和状态下的绝对湿度用饱和蒸气量 f_{max} 表示。

(2)相对湿度 $\varphi(\%)$。相对湿度是指在一定温度及大气压力下，空气的绝对湿度 f 与同温同压下饱和蒸气量 f_{max} 的比值，相对湿度一般用百分数表达，即

$$\varphi = f/f_{max} \times 100\% \tag{3-2}$$

相对湿度反映了在某一温度下空气含有的水蒸气分量接近饱和的程度。相对湿度 φ 值越小，表示空气越干燥，容纳水蒸气的能力越大；相对湿度 φ 值越大，表示空气越潮湿，容纳水蒸气的能力越小。

(3)露点温度 td。露点温度是指某一状态的空气，在含湿量不变的情况下，冷却到相对湿度达到 100%，即空气达到饱和状态时所对应的温度。在室内处于露点温度时，如果此时继续降温，室内空气将无法容纳原有的水蒸气，将使一部分水蒸气凝结成水珠析出，附着在室内的墙面、管道等位置，这种由于温度降到露点温度以下，空气中的水蒸气凝结为水珠的现象即为结露。日常生活中结露很常见，在秋季早上，汽车玻璃、树叶上的露水就属于此类，晚上温度降低后，空气中的水蒸气凝结出来。

3.2.2　材料的吸湿

将一块干的材料试件置于湿空气当中，材料会从空气中逐步吸收水蒸气而受潮，这种现象称为材料的吸湿。

材料在空气中经过一段时间放置后，材料试件可与所处的空气(一定气温和一定相对湿度条件下)之间形成热湿平衡，即材料的温度与周围空气温度一致(热平衡)，试件的重量不再发生变化(湿平衡)，这时材料的湿度称为平衡湿度。

3.2.3　围护结构的传湿过程

当材料内部存在压力差(分压力或总压力)、湿度(含湿量)差和温度差时，均能引起材料内部所含水分的迁移。

材料内所含水分可以以三种形态存在，即气态(水蒸气)、液态(液态水)和固态(冰)。但是在材料内部可以迁移的只有以下两种相态：

(1)以气态扩散方式迁移(又称水蒸气渗透)。

(2)以液态水分的毛细渗透方式迁移。

当室内外空气中的含湿量不等，也就是围护结构的两侧存在着水蒸气分压力差时，水蒸气分子就会从分压力高的一侧通过围护结构向分压力低的一侧渗透扩散，这种传湿现象叫作蒸汽渗透。

3.3　建筑室内热环境

建筑室内热环境是指室内空气温度、空气湿度、室内空气流速及围护结构内表面之间的辐射热等因素综合组成的一种室内环境。

3.3.1　人体热平衡

人的热舒适感主要建立在人与周围环境正常的热交换上，即人由新陈代谢的产热率和人向周围环境的散热率之间的平衡关系。人体得热和失热过程用下式表示：

$$\Delta q = q_m - q_e \pm q_r \pm q_c \tag{3-3}$$

式中　q_m——人体产热量(W)；

　　　q_e——人体产热量(W)；

　　　q_r——热体辐射量(W)；

　　　q_c——人体对流量(W)；

　　　Δq——得失的热量(W)；

　　　$\Delta q = 0$——体温上升；

　　　$\Delta q > 0$——体温上升；

　　　$\Delta q < 0$——体温下降。

当 $\Delta q=0$ 时，人体处于热平衡状态，但 $\Delta q=0$ 时并不一定表示人都处于舒服状态，因为各种热量之间可能有许多不同的组合使 $\Delta q=0$，即人们会遇到各种不同的热平衡，只有那种能使人体按正常比例散热的热平衡，才是舒服的。

所谓按正常比例散热，是指对流换热占总热量的 $25\%\sim30\%$，辐射散热占 $45\%\sim50\%$，呼吸和无感觉蒸发散热占 $25\%\sim30\%$。

当劳动强度或室内热环境要素发生变化时，正常的热平衡可能被破坏。当环境过冷时，皮肤毛细血管收缩，血流减少，皮肤温度下降以减少散热量；当环境过热时，皮肤血管扩张，血流增多，皮肤温度升高，以增加散热量，甚至大量出汗使蒸发散热量 q_e 变大，以争取新的热平衡。这时的热平衡叫作"负荷热平衡"，在负荷热平衡下，虽然 $\Delta q=0$，但人体已不在舒服状态。

3.3.2 人体热舒适的影响因素

人体热舒适受环境影响的因素有以下几点。

1. 室内空气温度

室内温度有相应的规定：冬季室内气温一般应为 16 ℃～22 ℃，夏季空调房间的气温多规定为 24 ℃～28 ℃，并以此作为室内计算温度。室内实际温度则由房间内得热和失热、围护结构内表面的温度及通风等因素构成的热平衡所决定，设计者的任务就是使实际温度达到室内计算温度。

2. 空气湿度

室内空气湿度直接影响人体的蒸发散热。一般认为最适宜的相对湿度应为 $50\%\sim60\%$。在大多数情况下，即气温为 16 ℃～25 ℃时，相对湿度在 $30\%\sim70\%$ 范围内变化，对人体的热感觉影响不大。如湿度过低(低于 30%)，则人会感到干燥、呼吸器官不适；如湿度过高，则会影响人体正常排汗，尤其在夏季高温时，如果湿度过高(高于 70%)，则汗液不易蒸发，最容易使人不舒适，甚至影响人体健康。

3. 气流速度(室内风速)

室内气流状态影响人的对流换热和蒸发换热，也影响室内空气的更新。在一般情况下，对人体舒适的气流速度应小于 0.3 m/s；但在夏季利用自然通风的房间，由于室温较高，舒适的气流速度也应较大。人头顶上的自然对流速度为 0.2 m/s，是人体对风速可以觉察的阈值，往往用来确定室内风速的设计标准。当空气流速≤0.5 m/s 时，试验研究表明，只要把空气温度调整得合适(提高空气温度)，就可以使空气的流动几乎觉察不到。

4. 环境辐射温度(室内热辐射)

对一般民用建筑来说，室内热辐射主要是指房间周围墙壁、顶棚、地面、窗玻璃对人体的热辐射作用，如果室内有火墙、壁炉、辐射采暖板之类的采暖装置，还须考虑该部分的热辐射。

室内热辐射的强弱通常用"平均辐射温度"(Tmrt)表示，即室内对人体辐射热交换有影响的各表面温度的平均值。平均辐射温度也可以用黑球温度换算出来。黑球温度是将温度计放在直径为 150 mm 的黑色空心球中心测出的反映热辐射影响的温度。

在炎热地区，夏季室内过热的原因除夏季气温高外，主要是外围护结构内表面的热辐射，特别是由通过窗口进入的日辐射所造成；而在寒冷地区，如外围护结构内表面的温度过低，将会对人产生"冷辐射"，也严重影响室内热环境。

3.3.3　室内热环境综合评价方法

室内空气温度、空气湿度、气流速度(室内风速)、环境辐射温度(室内热辐射)作为室内热环境的各因素，它们是互不相同的物理量，但对人们的热感觉来说，它们相互之间又有着密切的关系。改变其中的一个因素往往可以补偿其他因素的不足，如室内空气温度低而平均辐射温度高，和室内空气温度高而平均辐射温度低的房间就可以有同样的热感觉。所以，任何一项单项因素都不足以说明人体对热环境的反应。

科学家们长期以来就一直希望用一个单一的参数来描述这种反应，这个参数叫作热舒适指数，它综合了同时起作用的全部因素的效果。

一般热舒适有以下四种综合评价方法。

1. 有效温度(Effective Temperature，ET)

有效温度最早由美国采暖通风协会于1923年推出，其为室内气温、空气湿度、室内风速在一定组合下的综合指标。在同一有效温度作用下，虽然温度、湿度、风速各项因素的组合不同，但人体会有相同的热舒服感觉。

2. 预测平均热感觉指标(Predicted Mean Vote，PMV)

PMV是20世纪80年代初得到国际标准化组织(ISO)承认的一种比较全面的热舒指标，丹麦范格尔(P. O. Fanger)综合了近千人在不同热环境下的热感觉试验结果，并以人体热平衡方程为基础，认为人在舒服状态下应有的皮肤温度和排汗散热率分别与产热率之间存在相应关系，即在一定的活动状态下，只有一种皮肤温度和排汗散热率是使人感到舒适的。

3. 作用温度(Operative Temperature，OT)

作用温度是衡量室内环境冷热程度的综合指标之一。室内环境与人体之间存在对流与辐射引起的干热换热，影响人体热交换的室内气温和墙面、地面、窗、天花板等表面温度是不相等和不均匀的。作用温度表示了空气温度与平均辐射温度两者对人体的热作用，可认为是室内气温与平均气温按相应的表面换热系数的加权平均值。

4. 热应力指标(Heat Stress Index，HSI)

热应力指标是指为保持人体热平衡所需要的蒸发散热量与环境容许的皮肤表面最大蒸发散热量之比。其是衡量热环境对人体处于不同活动量时的热作用的指标。热应力指标HSI用需要的蒸发散热量与容许最大蒸发散热量的比值乘以100%表示。其理论计算是假定人体受到热应力时：

(1)皮肤保持恒定温度35 ℃；

(2)所需要的蒸发散热量等于人体新陈代谢产热加上或减去辐射换热和对流换热；

(3)8 h期间人的最大排汗能力接近于1 L/h。当HSI=0时，人体无热应变；HSI>100时，体温开始上升。此指标对新陈代谢率的影响估计偏低，而对风的散热作用估计偏高。

3.4 建筑热工设计概述

3.4.1 建筑总平面的布置和设计

建筑总平面的布置应综合考虑建筑的选址、建筑组团布局、建筑朝向和建筑间距等因素。

建筑的选址应根据气候分区进行选择。对于严寒和寒冷地区，选址时建筑不宜在山谷、洼地等凹形区域，这些区域在冬季容易形成"霜洞"效应，位于凹地的底层或地下室若要保持室内温度，所需的采暖热量会更多。

建筑群的布局分为行列式、错列式、周边式、混合式等，应根据建筑平面和空间综合考虑，充分利用日照，选择合适的朝向，形成对冬季恶劣气候条件的有力防护，做到节能。

建筑的朝向对建筑的采光和节能影响很大，朝向的选择原则是有利于冬季争取日照并避开主导风向，夏季能利用自然通风并防止太阳辐射。

建筑间距应根据计算确定，以保证建筑能够得到充足的日照。

3.4.2 控制体形系数

按照《公共建筑节能设计标准》(GB 50189—2015)的要求，严寒、寒冷地区公共建筑的体形系数应符合表2.2的规定，当不能满足时，必须按《公共建筑节能设计标准》(GB 50189—2015)的规定进行权衡判断。体形系数对建筑能耗的影响和控制方法在前面章节已叙述，这里不再赘述。建筑平面形状一般以长方形和正方形为宜，增加居住建筑的长度对节能有利，而且，增加建筑宽度可减少建筑能耗。

另外，国家标准只对严寒和寒冷地区的建筑体形系数作出规定，而对夏热冬冷和夏热冬暖地区建筑的体形系数不作具体要求。其原因有如下两点：

(1)南方地区建筑室内外温差要小于严寒和寒冷地区。

(2)南方地区部分公共建筑尤其是对部分内部发热量很大的商场类建筑，还有夜间散热问题。

3.4.3 外墙和屋面的节能设计

选择合理的墙体保温方案。外墙外保温是住房和城乡建设部倡导推广的主要保温形式，其保温方式最为直接，效果也最好，是我国目前应用最多的一项建筑保温技术。其具体内容将在后面章节具体叙述。

外墙与屋面冷桥部位的内表面温度不应低于室内空气露点温度，主要是防止冬季采暖期间冷桥内外表面温差小，内表面温度容易低于室内空气露点温度，造成围护结构冷桥部位内表面产生结露，使围护结构内表面材料受潮、长霉，影响室内环境。所以，针对冷桥部位，应采取保温措施，以减少室内热量损失，影响室内美观。

另外，还应该关注建筑中庭和屋面的透明部分的节能。目前，很多公共建筑采取建筑中庭＋透明屋顶的设计，有利于室内采光，满足了建筑形式多样化和建筑功能的需要（图3.7）；但是在夏季，因屋面水平面受到的太阳辐射最大，导致上部楼层的室内温度过高，影响人体舒适性，增加了建筑能耗，故按照《公共建筑节能设计标准》（GB 50189—2015）的要求：甲类公共建筑的屋顶透光部分面积不应大于屋顶总面积的20%。建筑中庭应充分利用自然通风降温，如在中庭上部的侧面开设一些窗户或通风口，以有利于自然通风，必要时，可设置机械排风装置加强自然补风，如图3.8所示。

图3.7　屋面的透明部分　　　　　　图3.8　屋面的机械通风

3.4.4　门窗的节能设计

区别不同朝向控制窗墙比。严寒地区甲类公共建筑各单一立面窗墙面积比（包括透光幕墙）均不宜大于0.60；其他地区甲类公共建筑各单一立面窗墙面积比（包括透光幕墙）均不宜大于0.70。尽量避免东西向开大窗，提高窗户的遮阳性能，可用固定式或活动式遮阳。

采取必要的遮阳措施，夏热冬暖、夏热冬冷、温和地区的建筑各朝向外窗（包括透光幕墙）均应采取遮阳措施；寒冷地区的建筑宜采取遮阳措施。如图3.9所示，当设置外遮阳时，应符合下列规定：

（1）东西向宜设置活动外遮阳，南向宜设置水平外遮阳。

（2）建筑外遮阳装置应兼顾通风及冬季日照。

同时加强窗户的气密性，除采用气密条提高外窗气密水平外，还应提高窗用型材的规格尺寸、准确度、尺寸稳定性和组装的精确度，以增加开启缝隙部位的搭接量，减少开启缝的宽度，达到减少空气渗透的目的。

公共建筑分类应符合下列规定：

（1）单栋建筑面积大于300 m²的建筑，或单栋建筑面积小于或等于300 m²但总建筑面积大于1 000 m²的建筑群，应为甲类公共建筑。

（2）单栋建筑面积小于或等于300 m²的建筑，应为乙类公共建筑。

窗户的可开启面积应满足要求，单一立面外窗（包括透光幕墙）的有效通风换气面积应符合下列规定：

图3.9　垂直遮阳和水平遮阳

(1)甲类公共建筑外窗(包括透光幕墙)应设可开启窗扇，其有效通风换气面积不宜小于所在房间外墙面积的10%；当透光幕墙受条件限制无法设置可开启窗扇时，应设置通风换气装置。

(2)乙类公共建筑外窗有效通风换气面积不宜小于窗面积的30%。

窗户的可开启面积与室内的空气质量和热舒适性密切相关，对于公共建筑，由于一般室内人员密度比较大，通过开窗通风，可以使建筑室内空气流动加快，保证室外的新鲜空气进入室内，以保障室内人员的健康；同时，在夏季，还可以通过自然通风带走室内热量，降低室内温度，提高人体舒适度。所以，针对窗户的可开启面积应有必要的设置要求。

严寒地区建筑的外门应设置门斗；寒冷地区建筑面向冬季主导风向的外门应设置门斗或双层外门，其他外门宜设置门斗或应采取其他减少冷风渗透的措施；夏热冬冷、夏热冬暖与温和地区建筑的外门应采取保温隔热措施。

第4章 墙体的节能设计与施工技术

4.1 墙体保温材料

4.1.1 保温材料概述

保温材料是指控制室内热量外流的建筑材料。通常绝热材料导热系数(λ)值应不大于 $0.23\ W/(m \cdot K)$，热阻(R)值应不小于 $4.35(m^2 \cdot K)/W$。另外，绝热材料还应满足表观密度不大于 $600\ kg/m^3$，抗压强度大于 $0.3\ MPa$，构造简单，施工容易，造价低等条件。隔热材料指的是控制室外热量进入室内的建筑材料，应能阻抗室外热量的传入，以及减小室外空气温度波动对内表面温度的影响。材料隔热性能的优劣，不仅与材料的导热系数有关，而且与导温系数、蓄热系数有关(表 4.1)。

表 4.1 常见保温材料的导热系数

绝热保温材料名称	导热系数/[W·(m·K)$^{-1}$]
空气	0.017~0.029
矿棉、岩棉、玻璃棉板	0.045
膨胀聚苯板	0.042
模塑聚苯板(EPS)	0.041
挤塑聚苯板(XPS)	0.03
聚氨酯	0.024
泡沫玻璃	0.066
烧结多孔砖 KP1—190/240	0.58
粉煤灰烧结砖	0.50
ALC 加气混凝土砌块	0.20
粉煤灰加气混凝土砌块	0.22
水泥基复合保温砂浆(W 型)	0.08
水泥基无机矿物轻集料保温砂浆(内保温用)	0.085
膨胀珍珠岩(ρ=120)	0.07
膨胀蛭石(ρ=200)	0.1

4.1.2 保温材料的机理

保温材料一般为多孔结构的轻质材料，多孔和空隙结构中存在的静止干燥空气是保温的关键因素，该结构改变了热的传递路径和形式，从而使传热速度大大减缓。由于空气静止，故孔中的对流和辐射换热在总体传热中所占比例很小，以空气导热为主，而空气导热系数为 $0.017\sim0.029$ W/(m·K)，远小于固体导热。

4.1.3 墙体保温材料简介

1. 水泥混凝土砌块

水泥混凝土砌块是块类墙体材料的主要品种之一。其中，小型混凝土空心砌块是以水泥、工业废渣为主要原材料制成的，生产工艺简单，设备投资少，生产成本低廉。使用混凝土砌块作为墙体材料，较使用传统的黏土砖具有节约土地、降低能耗、保护环境、利用工业废渣、改善建筑功能和提高建筑施工工效等优点。考虑受到不同条件的影响，小型混凝土空心砌块建筑比烧结普通砖建筑可降低造价 $3\%\sim10\%$，因此具有良好的经济效益。

2. 加气混凝土砌块

加气混凝土砌块是近年来发展迅速的块类墙体材料之一。加气混凝土的基本组成材料包括粉煤灰(或其他硅质材料)、水泥、石灰、石膏等。其中，粉煤灰用量达到 80% 以上，是一种利废、轻质、保温的新型墙体材料，如图 4.1 所示。

图 4.1 加气混凝土砌块墙体

加气混凝土砌块具有以下特点：

(1)保温隔热。加气混凝土砌块的导热系数仅为 $0.11\sim0.16$ W/(m·k)，是目前唯一能够达到国家建筑节能要求的自保温墙体材料。在不增加墙厚的条件下，无须再作额外的保温处理，就能满足建筑节能设计标准要求。

(2)轻质高强。加气混凝土砌块的干密度为 $500\sim700$ kg/m³，仅为烧结普通砖的 1/3，其是普通混凝土的 1/4，放在水中可浮于水面。抗压强度为 $3\sim5$ MPa。

(3)经济环保。加气混凝土砌块减轻了建筑自重，降低了结构造价，提高了土地利用率，扩大了建筑使用面积，并能满足节能要求，降低节能造价；同时，在生产时大量使用工业废料，符合发展循环经济战略。目前，我国框架结构建筑的围护墙体多采用加气混凝土砌块。

3. 轻质复合墙板

轻质复合墙板是目前世界各国大力发展的具有承重、防火、防潮、隔声、隔热等功能的新型墙体板材。轻质复合墙板根据用途不同，可分为复合外墙板、复合内墙板、外墙外保温板、外墙内保温板等。主要产品有钢丝网架水泥夹芯墙板、水泥聚苯外墙保温板、GRC复合外墙板、金属面夹芯板、钢筋混凝土绝热材料复合外墙板、玻纤增强石膏外墙内保温板、水泥/粉煤灰复合夹芯内墙板等。水泥/粉煤灰复合夹芯内墙板是众多新型轻质复合墙板中的一种。它是以聚苯乙烯泡沫塑料板为芯材，以水泥、粉煤灰、增强纤维和外加剂为面层材料，复合制成的轻质墙体板材。水泥/粉煤灰复合夹芯墙板的两个面层，由纤维网格布及无纺布增强，使得制品强度高，芯材选用阻燃型聚苯乙烯泡沫塑料板，使其具有良好的保温隔热能力。该板材可以实现机械化生产，是良好的内隔墙板材。

4. 泡沫塑料

泡沫塑料质量小且具有特殊的保温隔热性能，近年来其在建筑节能中的应用较为广泛。其中最常用的泡沫塑料有聚苯乙烯泡沫塑料(PS)、聚氨酯泡沫塑料(PU)、聚氯乙烯泡沫塑料(PVC)等。

(1)聚苯乙烯泡沫塑料(PS)。聚苯乙烯泡沫塑料分为模塑聚苯乙烯保温板(EPS)和挤塑聚苯乙烯保温板(XPS)两类。

1)模塑聚苯乙烯保温板(EPS)是由含有挥发性液体发泡剂的可发性聚苯乙烯珠粒，经加热预发后在模具中加热成型的白色物体。其具有微细闭孔的结构特点，主要用于建筑墙体、屋面保温、复合板保温、冷库、空调、车辆、船舶的保温隔热，地板采暖，装潢雕刻等。

2)挤塑聚苯乙烯保温板(XPS)由聚苯乙烯树脂及其他添加剂采用真空挤压工艺而成，具有连续闭孔蜂窝结构。其内部为独立的密闭式气泡结构，是具有热导率低、高抗压、防潮、不透气、不吸水、质小、耐腐蚀、使用寿命长等有益性能的环保型保温材料。

用于建筑保温隔热的聚苯乙烯泡沫塑料板，是以聚苯乙烯树脂为基料，加入一定剂量的含低沸点液体发泡剂、催化剂、稳定剂等辅助材料，经加热使可发性聚苯乙烯珠粒预发泡，然后在模具中加热而制得的一种具有密闭孔结构的硬质聚苯乙烯泡沫塑料板。其作为建筑保温材料，具有以下优点：

①导热系数小，保温性能良好；

②密度小，减小了结构荷载，有利于抗震；

③降低工程造价，综合效益明显；

④自重小，施工方便；

⑤不耐燃，防火能力较差。

(2)聚氨酯泡沫塑料(PU)。聚氨酯泡沫塑料是由含有羟基的聚醚树脂或聚酯树脂与异氰酸酯反应构成聚氨酯主体，由异氰酸酯与水反应产生 CO_2 气体，或用低沸点氟氯烃受热气化而成的。

聚氨酯泡沫塑料一般可分为硬质泡沫塑料、软质泡沫塑料、半硬质泡沫塑料以及特种泡沫塑料四类。其中，聚氨酯硬质泡沫塑料制品热导率低、质小，广泛用作保温隔热材料。PU

硬质泡沫塑料的密度远远低于传统材料，其质量较小，因此，在作围护结构保温时的载荷远小于传统材料的载荷，从而能降低工程造价。其与聚苯乙烯泡沫塑料的性能比较见表 4.2。

表 4.2　聚氨酯硬质泡沫塑料与聚苯乙烯泡沫塑料性能比较

材料名称	导热系数/$[W \cdot (m \cdot K)^{-1}]$	达到相同节能效果需要的厚度/mm
聚氨酯硬质泡沫塑料（PU）	0.017～0.023	40
聚苯乙烯挤塑板（XPS）	0.027～0.031	60
聚苯乙烯板（EPS）	0.037～0.041	80
聚苯乙烯颗粒	≤0.060	160

聚氨酯硬质泡沫塑料具有以下优点：

1）导热系数小，保温性能良好。由表 4.2 可知，其导热系数低，仅为 0.017～0.023 W/(m·K)，相当于 EPS 板的一半，是目前所有保温材料中导热系数最低的，达到相同的保温效果，PU 保温层厚度比 EPS 板少 1/2，比 XPS 板少 1/3。

2）防水性能好，泡沫孔是封闭的，封闭率达 95%，雨水不会从孔间渗过去。因其为现场喷涂，形成了整体防水层，没有接缝，这是任何高分子防水卷材所不及的，可减少维修工作量。

3）粘结性能好，能够和木材、金属、砖石、玻璃等材料粘结得非常牢固，不怕大风揭起。

4）施工简便速度快。

5）防火性能优于聚苯乙烯泡沫塑料。

（3）聚氯乙烯泡沫塑料（PVC）。聚氯乙烯泡沫塑料是以聚氯乙烯树脂为基料，加入发泡剂、稳定剂，经捏合、模塑、发泡而制成的一种闭孔泡沫塑料。其分为软质和硬质两种。聚氯乙烯泡沫塑料具有质小、热导率小、吸水率低等特点，可用于房屋建筑上保温、隔热、吸声和防震的材料。

5. 岩棉

岩棉保温板是以玄武岩及其他天然矿石等为主要原料，经融化后，采用国际先进的四辊离心制棉工序，将玄武棉岩高温熔体甩拉成 4～7 μm 的非连续性纤维，再在岩棉纤维中加入一定量的胶粘剂、防尘油、憎水剂，经过沉降、固化、切割等工艺，根据不同用途制成不同密度的系列产品。

岩棉具有防火性能优异的特点，是目前新建高层建筑墙体保温所必需的材料，其可应用于新建、扩建、改建的居住建筑和公共建筑外墙的节能保温工程，包括外墙外保温、非透明幕墙保温和 EPS 外保温系统的防火隔离带。

6. 玻化微珠保温系统

玻化微珠保温系统是以玻化微珠干混保温砂浆为保温层，在保温层的面层涂抹具有防水抗渗、抗裂性能的抗裂砂浆，与保温层复合形成一个集保温、隔热、抗裂、防火、抗渗于一体的完整体系。该系统不仅具有良好的保温性能，同时具有优异的隔热、防火性能且能防虫蚁噬蚀，如图 4.2 所示。其与传统珍珠岩的性能比较见表 4.3。

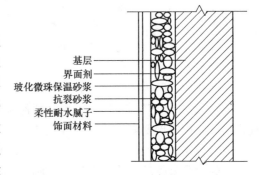

基层
界面剂
玻化微珠保温砂浆
抗裂砂浆
柔性耐水腻子
饰面材料

图 4.2　玻化微珠保温系统构造示意图

表 4.3　玻化微珠与传统珍珠岩性能比较

技术性能	玻化微珠	传统珍珠岩
粒度/mm	0.5~1.5	0.15~3
堆积密度/(kg·m⁻³)	80~130	70~250
导热系数/[W·(m·K)⁻¹]	0.032~0.045	0.047~0.054
成球率/%	≥98	0
闭孔率/%	≥95	0
吸水率(真空抽滤法测定)/%	20~50	360~480
筒压强度(1 MPa压力的体积损失率)/%	38~46	76~83
耐火度/℃	1 280~1 360	1 250~1 300
使用温度/℃	1 000 以下	

玻化微珠保温系统既适用于多层、高层建筑的钢筋混凝土、加气混凝土、砌块、砖等围护墙的内、外保温抹灰工程，以及地下室、车库、楼梯、走廊、消防通道等防火保温工程，也适用于旧建筑物的保温改造工程以及地暖的隔热支承层。

4.2　墙体节能设计

外墙占全部围护面积的 60% 以上，其能耗占建筑物总能耗的 40%。改善墙体的传热耗热能明显提高建筑的节能效果。建筑墙体节能主要是降低其传热系数，防止形成热桥。外墙保温方式按保温材料，可分为单一材料保温和复合材料保温；按保温层所在位置，可分为外墙外保温、外墙内保温和夹芯保温(中间保温)。下面介绍外墙保温的节能技术。

4.2.1　墙体设计方案

节能墙体设计方案一般采用单一保温墙体、内保温墙体、外保温墙体和夹芯保温墙体四种，如图 4.3 所示。

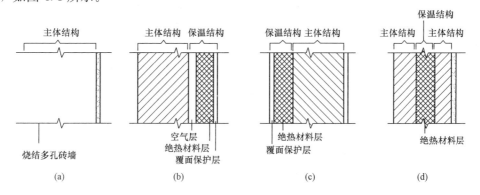

图 4.3　节能墙体的设计方案
(a)单一保温墙体；(b)内保温墙体；(c)外保温墙体；(d)夹芯保温墙体

(1)单一保温墙体。单一保温墙体也称自保温，即选择热阻高的墙体材料。

(2)外保温墙体。保温层设在墙的外侧。

(3)内保温墙体。保温层设在墙的内侧。

(4)夹芯保温墙体。复合保温墙体材料，保温层在墙体内部。

4.2.2　单一保温墙体

目前，常见的单一保温墙体构造为加气混凝土外墙自保温系统，即加气混凝土块或板直接作为建筑物的外墙。此种墙体结构一般应用于低层建筑承重和框架结构填充墙。

单一承重用的保温墙体材料一般很难满足保温和隔热要求，也很难满足建筑的承重要求。为了达到我国的建筑节能标准要求，建筑外墙一般采用节能复合墙体。

4.2.3　外保温墙体

外保温墙体也称外墙外保温，是将保温层置于外墙外侧，是目前应用最广泛的保温做法，也是目前国家大力倡导的保温做法。其具有以下特点：

(1)基本可消除冷桥，保温效率高。

(2)墙体内表面不产生结露。

(3)不影响室内的使用面积。

(4)既适用于新建建筑，也适用于旧房改造。

(5)室温较稳定、热舒适性好。

(6)冬、雨期施工受一定限制。

(7)采用现场施工，施工质量要求严格，否则面层易发生开裂。

(8)造价高于内保温墙体。

(9)高层外墙不宜采用面砖饰面。

外墙外保温技术于20世纪40年代起源于欧洲，首先在德国和瑞典开始应用。因为第二次世界大战时德国有大量建筑物受到破坏，为了修补外墙裂缝，人们在建筑物外墙粘贴一层聚苯乙烯或岩棉板来修补裂缝。不久以后人们发现，这种做法不但能修补裂缝，还有很多其他的优点。外墙外保温不仅能使建筑物的保温、隔声、防潮性能大幅度提高，而且使居住舒适度也大为提高。美国是在20世纪60年代后期开始使用外墙外保温技术的。外墙外保温技术真正得到快速发展是在1973年世界能源危机以后。因为能源短缺，同时在欧美各国政府的大力推动下，欧美外墙外保温技术的市场容量以每年15%的速度迅速增长。由于欧美严格的立法要求，目前欧美同纬度的新建建筑物的节能效率是我国的2～3倍。

我国外墙外保温技术起步于20世纪80年代，受当时条件限制，主要在外墙内保温方面作了一些应用，一开始主要应用于我国北方较寒冷地区，经过实践，外墙内保温技术在北方寒冷并采用供热采暖地区的缺陷日益显露，由于室内外温差过大，易形成冷凝水、内墙发霉等问题。近十年来，我国在学习和引进国外先进技术的基础上，将外墙外保温技术逐步发展起来，已初步形成了一套完整的技术，外墙外保温技术的发展目前基本与世界保持同步。

按照《外墙外保温工程技术规程》(JGJ 144—2004)的规定要求，外墙外保温工程应满足以下标准：

(1)外墙外保温工程应能适应基层的正常变形而不产生裂缝或空鼓。

(2)外墙外保温工程应能长期承受自重而不产生有害的变形。

(3)外墙外保温工程应能承受风荷载的作用而不产生破坏。

(4)外墙外保温工程应能耐受室外气候的长期反复作用而不产生破坏。

(5)外墙外保温工程在罕遇地震发生时不应从基层上脱落。

(6)外墙外保温工程应采取防火构造措施。

(7)外墙外保温工程应具有防水渗透性能。

(8)外保温复合墙体的保温、隔热和防潮性能应符合现行国家标准《民用建筑热工设计规范》(GB 50176—2016)和相关建筑节能设计标准的规定。

(9)外墙外保温工程各组成部分应具有物理-化学稳定性。所有组成材料应彼此相容，并应具有防腐性。在可能受到生物侵害(鼠害、虫害等)时，外墙外保温工程还应具有防生物侵害性能。

(10)在正确使用和正常维护的条件下，外墙外保温工程的使用年限不应少于25年。

4.2.4 内保温墙体

内保温墙体也称外墙内保温，是在外墙结构的内部加做保温层，将保温材料置于外墙体的内侧，是一种相对比较成熟的技术。外墙的主体结构一般为砖砌体、混凝土墙或加气混凝土砌块等承重结构或非承重结构。其具有以下特点：

(1)对饰面和保温材料的防水性、耐候性等要求不高。

(2)施工时不需搭设脚手架。内保温墙体施工速度快，操作方便灵活，可以保证施工进度。

(3)难以解决冷桥的保温问题，由于圈梁、楼板、构造柱等会引起冷桥，热损失较大。

(4)内保温须设置隔汽层，以防止墙体产生冷凝。

(5)对既有建筑进行节能改造时，对居民的日常生活干扰较大；占用室内空间；不利于二次装修。

其具体应用实例如下：

(1)GRC内保温板。GRC内保温板全称为玻璃纤维增强水泥聚苯复合保温板，是一种以GRC为面层，以聚苯乙烯泡沫塑料板为夹层的夹芯复合保温板。

目前，北京地区使用的GRC外墙内保温板，板长为2 400～2 700 mm，板宽为950 mm。板厚有50 mm和60 mm两种。前者用与240 mm厚的烧结普通砖外墙复合；后者用与200 mm厚的混凝土外墙复合，两者均能达到节能50%的要求。

GRC外墙内保温板绝热性能优良，用GRC外墙内保温板与240 mm厚的烧结普通砖外墙或与200 mm厚的混凝土外墙复合，其保温效果均优于620 mm厚的烧结普通砖墙。

(2)P-GRC外墙内保温板。P-GRC外墙内保温板全称为玻璃纤维增强聚合物水泥聚苯乙烯复合外墙内保温板，其是以聚合物乳液、水泥、砂配制成的砂浆做面层，用耐碱玻璃纤维网格布做增强材料，以自熄性聚苯乙烯泡沫塑料板为芯材制成的夹芯式内保温板。简称P-GRC外墙内保温板。

P-GRC外墙内保温板既可用于烧结普通砖外墙或混凝土外墙的内侧保温，也可用于上述墙体的外侧保温。

4.3　典型节能墙体构造及其施工技术

4.3.1　聚苯乙烯泡沫塑料施工技术

目前，聚苯乙烯泡沫塑料外保温系统是应用最广泛的外墙外保温技术。其施工方法有粘贴保温板外保温技术、胶粉 EPS 颗粒保温浆料外保温技术、EPS 板现浇混凝土(无钢丝网)外保温技术等。以下主要介绍粘贴保温板外保温技术和 EPS 板现浇混凝土(有钢丝网或无钢丝网)外保温技术。

外墙外保温建筑构造 **10J121 图集**

1. 粘贴保温板外保温技术（EPS/XPS 板薄抹灰外墙外保温系统）

EPS/XPS 板薄抹灰外墙外保温系统由 EPS/XPS 板保温层、薄抹灰层和饰面涂层构成。EPS/XPS 板用胶粘剂固定在基层上，薄抹面层中满铺玻璃纤维网格布，如图 4.4 所示。

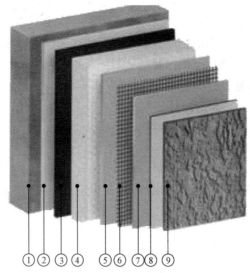

图 4.4　EPS/XPS 板薄抹灰外墙外保温系统示意
①墙体；②界面剂；③聚合物胶粘剂；④XPS 挤塑板；⑤聚合物抗裂抹面砂浆；⑥耐碱玻纤网格布；⑦聚合物抗裂抹面砂浆；⑧外墙柔性耐水腻子；⑨饰面层

该系统的优点主要有：是综合投资最低的系统之一；热工性能高，保温效果好；隔声效果好；对建筑主体长期保护，提高主体结构的耐久性；避免墙体产生冷桥、防止发霉等作用。其缺点主要是 EPS 板燃点低，为热熔型材料，防火性能较差，即使是阻燃型板材，阻燃的性能稳定性也较差，大多数情况下需设置防火隔离带；系统若为空腔体系，对于系统的施工工艺要求较高，一旦墙面发生渗漏水，则难以修复。

（1）系统构造。EPS/XPS 板薄抹灰外墙外保温系统构造见表 4.4。

表4.4 EPS/XPS板薄抹灰外墙外保温系统构造

分类		构造示意图	系统的基本构造				
			①基层墙体	②粘结层	③保温层	④抹面层	⑤饰面层
A1型	涂料饰面	①②③④⑤	钢筋混凝土墙 各种砌体墙(砌体墙需用水泥砂浆找平)	胶粘剂(粘贴面积不得小于保温板面积的40%)	EPS板 PUR板(板两面需使用界面剂) XPS板(板两面需使用界面砂浆时,宜使用水泥基界面砂浆)	抹面胶浆复合玻纤网格布(加强型增设一层耐碱玻纤网格布)	涂料或饰面砂浆
A2型	面砖饰面	①②③④⑤	钢筋混凝土墙 各种砌体墙(砌体墙需用水泥砂浆找平)	胶粘剂(胶粘面积不得小于保温板面积的50%)	EPS板	第一遍抗裂砂浆+一层耐碱网格布,用塑料锚栓与墙体锚固+第二遍抗裂砂浆(抹面层厚度为3～7 mm)	面砖粘结砂浆+面砖+勾缝料

（2）施工材料。在聚苯乙烯保温施工过程中，耐碱玻璃纤维网格布、聚合物砂浆和机械锚固件对整体施工质量和保温效果起着关键作用。

1）耐碱玻璃纤维网格布。耐碱玻璃纤维网格布是以玻璃纤维机织物为基材，经高分子抗乳液浸泡涂层，采用中无碱玻纤纱（主要成分是硅酸盐，化学稳定性好）经特殊的组织结构——纱罗组织绞织而成，后经抗碱液、增强剂等高温热定型处理，从而使其具有良好的抗碱性、柔韧性以及经纬向高度抗拉力，可广泛用于建筑物内外墙体保温、防水、抗裂等，如图4.5所示。

在粘贴法保温板施工中，为防止饰面层出现脱落开裂现象，采用耐碱玻璃纤维网格布作为增强材料。

图4.5 耐碱玻璃纤维网格布

2）聚合物砂浆。聚合物砂浆是在建筑砂浆中添加聚合物胶粘剂，从而改善砂浆的性能。外保温系统的施工成败主要是保温板能否牢固地粘结在墙面，以防止后期开裂。聚合物保温砂浆可满足保温板与砂浆层的粘结强度、抗冲击性能和吸水量要求。

3）机械锚固件。机械锚固件是用机械方法将保温材料固定在墙体上的连接件，常用铆钉和膨胀螺栓,作为保温板固定在墙上的辅助方法。

(3)粘贴保温板外保温技术施工过程。基本流程:清理、找平墙体基层→弹、挂控制线→贴翻包网格布→配粘结胶浆→贴保温板→填塞板缝→安装保温板装饰线条→安装膨胀塑料锚栓→护面层施工(抹面砂浆+耐碱网布)→饰面层施工(涂料、面砖等)。

1)清理基层墙面。

①基层墙体必须清理干净,要求墙面无油渍、灰尘、污垢、脱膜剂、风化物、泥土等污物。基层墙体的表面平整度、立面垂直度不得超过 5 mm。超差部分必须剔凿或用 1:3 水泥砂浆修补平整。基层墙面若太干燥,吸水性能太强,应先洒水喷淋湿润。

②现浇混凝土墙面应事先拉毛,用毛刷甩界面处理剂水泥砂浆在墙面成均匀毛钉状。要求拉毛长度为 3~5 mm,作拉毛处理不得遗漏,干燥后方可进行下一道工序。

2)弹控制线。根据建筑立面设计和外墙外保温技术要求,在墙面弹出外门窗水平、垂直控制线及伸缩缝线、装饰线等。

3)挂基准线。在建筑外墙大角(阳角、阴角)及其他必要处挂垂直基准钢线,每个楼层适当位置挂水平线,以控制聚苯板的垂直度和平整度。

4)配制聚合物砂浆胶粘剂。根据生产厂家使用说明书提供的配合比配制,专人负责,严格计量,手持式电动搅拌机搅拌,确保搅拌均匀。拌好的胶粘剂在静停 10 min 后还需经二次搅拌才能使用。

配好的料注意防晒避风,以免水分蒸发过快。一次配制量应在可操作时间内用完。

5)粘贴翻包网格布。凡在粘贴的聚苯板侧边外露处(如伸缩缝缝线两侧、门窗口处),都应作网格布翻包处理。

6)粘贴聚苯板。外保温用聚苯板标准尺寸为 600 mm×900 mm、600 mm×1 200 mm 两种。非标准尺寸或局部不规则处可现场裁切,但必须注意切口板面垂直。整块墙面的边角处应用最小尺寸大于 300 mm 的聚苯板。采用粘结方式固定聚苯板,其粘结方式分为点框法和条粘法两种,粘结应保证粘结面积不小于 40%。排板时按水平顺序排列,上下错缝粘结,阴阳角处应作错茬处理。保温板应粘贴牢固,不得有脱层、空鼓、漏缝,粘板应用专用工具轻柔、均匀地挤压聚苯板,随时用 2 m 靠尺和托线板检查平整度和垂直度。粘板时,注意清除板边溢出的胶粘剂,使板与板之间无"碰头灰"。板缝拼严,缝宽超出 2 mm 时,用相应厚度的挤塑片填塞。拼缝高差不得大于 1.5 mm,否则应用砂纸或专用打磨机具打磨平整,如图 4.6 所示。

门窗洞口四角处不得拼接,应将整个保温板切割成型,保温板拼缝应离开角部至少 200 mm,如图 4.7 所示。

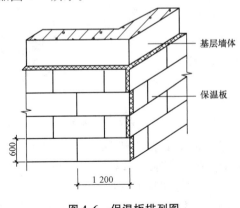

图 4.6 保温板排列图

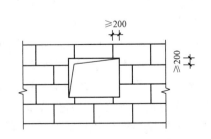

图 4.7 门窗洞口处的排列

保温板粘贴完毕后，为加强固定强度，可采用铆钉固定，但锚钉主要起辅助固定作用，胶粘剂主要起负担全部荷载的作用，不能因有锚钉就放松胶粘剂的粘结作用，所以，如果胶粘剂能满足要求，也可无铆钉固定。该法是在粘贴法的基础上设置若干锚栓固定 EPS 保温板。锚栓为高强超韧尼龙或塑料精制而成，尾部设有螺钉自攻性胀塞结构。锚栓用量每平方米 10 层以下约为 6 个，10～18 层为 8 个，19～24 层为 10 个，24 层以上为 12 个。单个锚栓抗拉承载力极限值≥1.5 kN，适用于外墙饰面为面砖的外墙保温层施工，尤其适用于基面附着力差的既有建筑围护结构的节能改造，如图 4.8 和图 4.9 所示。

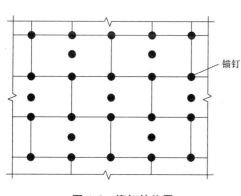

图 4.8　铆钉的位置

图 4.9　铆钉固定

7)配制抹面砂浆。按照生产厂家提供的配合比配抹面砂浆，做到计量准确，机械二次搅拌，搅拌均匀。配好的料注意防晒避风，一次配制量应控制在可操作时间内用完，超过可操作时间后，不准再度加水(胶)使用。

8)抹底层抹面砂浆。聚苯板安装完毕，检查验收后进行聚合物砂浆抹灰。抹灰分底层和面层两次进行。在聚苯板面抹底层抹面砂浆，厚度为 2 mm。同时将翻包网格布压入砂浆中，门窗口四角和阴阳角部位所用的增强网格布随即压入砂浆中。

9)贴压网格布。

①底层保温层施工完毕，经验收合格后，方可进行抗裂砂浆面层施工。

②面层抗裂砂浆厚度控制在 4～5 mm(指两层罩面砂浆)，抹完抗裂砂浆后，用铁抹子压入一层耐碱玻璃纤维网格布，达到网格布似露非露为宜。网格布之间如有搭接时，必须满足横向 100 mm、纵向 80 mm 的搭接长度，先压入一侧，再抹一些抗裂砂浆，压入另一侧，严禁干搭。在大面积贴网格布之前，在门窗洞口四周 45°方向横贴一道 300 mm×200 mm 加强网，如图 4.10 所示。阴阳角处网格布要压槎搭接，宽度不小于 200 mm，如图 4.11 所示。网格布铺贴要平整，无褶皱，砂浆饱满度达到 100%，同时要抹平、抹直，保持阴阳角处的方正和垂直度。注意，在粘贴网格布时，应先从阴阳角处粘贴，然后大面积粘贴。

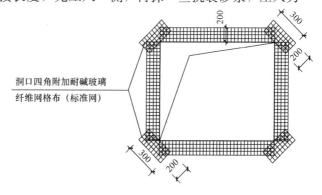

洞口四角附加耐碱玻璃纤维网格布(标准网)

图 4.10　洞口四角附加耐碱玻璃纤维网格布

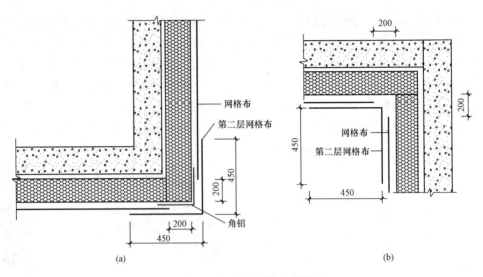

图 4.11　阴阳角处网格布的铺贴

(a)阳角网格布搭接；(b)阴角网格布搭接

10)抹面层抹面砂浆。在底层抹面砂浆凝结前再抹一道抹面砂浆罩面，厚度为 1.2 mm，仅以覆盖网格布、微见网格布轮廓为宜。面层砂浆切忌不停揉搓，以免形成空鼓。

砂浆抹灰施工间歇应在自然断开处，如伸缩缝、阴阳角、挑台等部位，以方便后续施工的搭接。在连续墙面上如需停顿，面层砂浆不应完全覆盖已铺好的网格布，需与网格布、底层砂浆呈台阶形坡槎，留槎间距不小于 150 mm，以免网格布搭接处平整度超出偏差。

11)"缝"的处理。外墙外保温可设置伸缩缝、装饰缝。在结构沉降、温度缝处应作相应处理。留设伸缩缝时，分格条应在抹灰工序时就放入，等砂浆初凝后起出，修整缝边。缝内填塞发泡聚乙烯圆棒(条)作背衬，直径或宽度为缝宽的 1.3 倍，再分两次勾填建筑密封膏，深度为缝宽的 50%～70%。变形缝根据缝宽和位置设置金属盖板，以射钉或螺栓紧固。

应严格按设计和有关构造图集的要求做好变形缝、滴水槽、勒角、女儿墙、阳台、水落管、装饰线条等重要节点和关键部位的施工，特别要防止渗水。

12)装饰线条做法。

①装饰缝应根据建筑设计立面效果处理成凹型或凸型。凸型称为装饰线，以聚苯板来体现为宜，此处网格布与抹面砂浆为断开。粘贴聚苯板时，先弹线标明装饰线条位置，将加工好的聚苯板线条粘于相应位置。当线条凸出墙面超过 100 mm 时，需加设机械固定件。线条表面按普通外保温抹面做法处理。凹型称为装饰缝，用专用工具在聚苯板上刨出凹槽再抹防护层砂浆。

②滴水线槽。滴水线槽应镶嵌牢固，窗口滴水槽处距外墙两侧各 30 mm，滴水槽处距墙面 30 mm，面层抹一层抗裂砂浆，外窗外边下口必须做泛水(内外高差为 10 mm)，保温板损坏部分补胶粉颗粒。

③变形缝做法。变形缝内用建筑胶粘牢 50 mm 厚软质聚氯乙烯泡沫塑料，外侧用 0.7 mm 厚的彩色钢板封堵。在变形缝处填塞的发泡聚乙烯圆棒，深度为缝宽的 50%～70%，然后嵌密封膏，施工前必须清理变形缝内的杂物。

④涂料面层。涂料施工前，首先检查抹面聚合物胶泥上是不是有抹子刻痕，网格布是

否全部埋入，然后修补面层的缺陷或凹凸不平处，并用细砂纸打磨光滑。涂料面层按施工正常操作规范施工。

13）成品保护。外保温施工完成后，后续工序与其他正在进行的工序应注意对成品进行保护。

14）破损部位修补。因工序穿插、操作失误或使用不当致使外保温系统出现破损的，按如下程序进行修补：

①用锋利的刀具剜除破损处，剜除面积略大于破损面积，形状大致整齐。注意防止损坏周围的抹面砂浆、网格布和聚苯板。清除干净残余的胶粘剂和聚苯板碎粒。

②切割一块规格、形状完全相同的聚苯板，在背面涂抹厚度适当的胶粘剂，塞入破损部位基层墙体粘牢，表面与周围聚苯板齐平。

③仔细把破损部位四周约为 100 mm 宽度范围内的涂料和面层抹灰砂浆磨掉。注意不得伤及网格布，不得损坏底层抹面砂浆。如果不小心切断了网格布，打磨面积应继续向外扩展。如造成底层抹面砂浆破碎，应抠出碎块。

④在修补部位四周贴胶纸带，以防造成污染。

⑤用抹面砂浆补齐破损部位的底层抹面砂浆，用湿毛刷清理不整齐的边缘。对没有新抹砂浆的修补部位作界面处理。

⑥剪一块面积略小于修补部位的网格布（玻纤方向横平竖直），绷紧后紧密粘贴到修补部位上，确保与原网格布的搭接宽度不小于 80 mm。

⑦从修补部位中心向四周抹面层抹面砂浆，做到与周围面层顺平。防止网格布移位、皱褶。用湿毛刷修整周边不规则处。

⑧待抹面砂浆干燥后，在修补部位补做外饰面，其纹路、色泽尽量与周围饰面一致。

⑨待外饰面干燥后，撕去胶纸带。

（4）确保工程质量的技术组织措施。

1）施工中严格执行项目经理全面负责制，建立质量安全管理体系，质量、安全工作均设有专职负责人员，直接落实施工质量和施工安全与文明施工工作。

2）质量控制。施工前由专职技术负责人进行书面的技术交底，明确工艺做法、节点要求、质量标准。施工时严格按照施工方案和相应的工艺标准进行。加强工序检验和控制工作，每一道工序完成后，均由专职技术负责人员组织进行验收，绝不将质量隐患带到下一施工工序。

3）施工过程中的质量控制要点。

①严格按照施工程序进行施工。

②根据对影响工程质量的关键特性、关键部位及重要影响因素设控制点的原则，对施工工序中的每一道工序进行验收，基层的平整、聚苯板的粘结面积、网格布的嵌入及翻包、窗口及变形缝部位的处理等，每一道工序验收合格后方可进行下一道工序的施工。

③现场技术人员对进场的每一批材料严格进行验收。

4）施工质量检验标准。

①原材料要求。

a. 进入工地的原材料必须有出厂合格证和试验报告。

b. 聚苯乙烯板采用厚度为 60 mm，堆积密度为 $(20\pm2)\text{kg/m}^3$ 的板材。摆放平整，防止雨淋及阳光暴晒。

c. 水泥为普通硅酸盐 32.5 水泥，水泥必须有出厂日期，凡有结块现象或出厂日期超过 3 个月的，必须根据化验结果确定如何使用。

d. 采用细度模数 2.0~2.8，筛除大于 2.5 mm 颗粒的砂子，其含泥量小于 1%。

②外墙外保温系统及组成材料性能应进行以下试验：

a. 成套外保温体系应做大型耐候性试验，即热雨 70 ℃~15 ℃ 周期试验不少于 80 次，冷/热 +50 ℃~-20 ℃+5 ℃ 期试验不少于 5 次，且不得出现表面裂缝、气泡或脱皮等缺陷，即为合格。

b. 保温层与基层以及保温层与抗裂砂浆层的粘结强度应按现场拉拔试验结果确定。应均在保温层内区域破坏，才能符合规范要求。

c. 做抗冲击能力试验，尤其是勒脚以上 2.4 m 区域的首层，至少达到 10 J 即高抗冲击型，其他部位不小于 3 J 抗冲击型。

d. 对于进入施工现场的涂塑玻纤网格布产品，应进行耐碱、抗拉强度等试验。外墙外保温使用的网格布应该是耐碱玻璃纤维编制的网格布，在水泥饱和溶液中常温泡 28 d 后的耐碱强度保持率应达到 90% 以上。

③保温板安装质量检查方法和标准见表 4.5。

表 4.5　保温板安装质量检查方法和标准

项次	项　目	允许偏差/mm	检查方法
1	表面平整	3	用 2 m 靠尺、楔形塞尺检查
2	立面垂直	3	用 2 m 托线板检查
3	阴、阳角垂直	4	用 2 m 托线板检查
4	阳角方正	4	用 200 mm 方尺检查
5	接缝高差	2	用直尺检查

抹灰砂浆表面必须平整，玻纤网或钢丝网不得外露。抹灰层表面平整度允许偏差为 3 mm，立面垂直度允许偏差为 3 mm。

④施工后表面要求平整、洁净，颜色均匀，无抹纹，线角和灰线垂直平整，方正，清晰美观，无明显接茬。

⑤护角表面光滑、平顺，门窗框与墙体缝隙必须填塞密实，表面平整，所有阴阳角、门窗及阳台处必须方正、垂直。

⑥聚苯板安装必须上下错缝，聚苯板应挤紧拼严，不得有"碰头灰"。超出 2 mm 的缝隙应用相应宽度的聚苯板薄片填塞，不得用砂浆填塞。

⑦网格布应横向铺设，压贴密实，不得有空鼓、皱褶、翘曲、外露等现象。搭接宽度左右不得小于 100 mm，上下不得小于 80 mm。

⑧保温抹面砂浆总厚度为 3.2 mm。

⑨完工后的质量控制要点。

a. 在工程交付使用的一年内，由工程项目负责人带领有关人员回访，听取使用单位对工程质量的意见。

b. 如有因材料及施工原因造成的质量问题，负责无偿保修。对于由其他原因造成的质量问题，协助建设单位或其他承包单位进行处理，并进行必要的技术服务。

(5)安全措施。

1)遵守安全操作规程、安全生产十大纪律和文明施工的规定。

2)塔式起重机上料时，应有专人指挥，遇六级大风及以上时，应停止作业(含起吊和抹灰作业)。

3)施工用电有专人操作，电气设备绝缘良好，接地和触电保护器符合施工用电安全技术措施的要求。安装维修或拆除临时用电工程，必须由电工完成。

4)使用吊篮必须经有资质的检测单位到现场对吊篮进行实测检验，检验合格后才准许使用。

5)吊篮操作者必须严格按照操作方法进行操作。

6)吊篮必须使用专用钢丝绳。

7)非专业人员不得随意拆装安全锁、葫芦。

8)每次使用前应检查吊篮各连接部位是否可靠。

9)作业中，吊篮内不得超过2人(含2人)。作业人员应佩戴安全带，安全带不应系挂在提升钢丝绳上，而是用一根专用绳系安全带。专用绳应系在预埋环上。严禁将几组吊篮连成一个整体。

10)进入施工现场应戴好安全帽，高空作业要系安全带。

11)遇有大雨、大雾或五级阵风及其以上，必须立即停止作业。

2. EPS 板现浇混凝土(无钢丝网)外保温技术

EPS 板现浇混凝土外保温系统以现浇混凝土外墙为基层，EPS 板为保温层，EPS 板内表面(与现浇混凝土接触的表面)开有矩形齿槽，内、外表面均满涂界面砂浆。施工时将 EPS 板置于外模板内侧，并安装辅助固定件。浇筑混凝土后，墙体与 EPS 板、辅助固定件结合为一体，EPS 板表面做抹面胶浆薄抹面层，抹面层中满铺玻璃纤维网格布，外表面以涂料或饰面砂浆为饰面层。该技术主要用于寒冷和严寒地区，适用于现浇混凝土剪力墙结构体系外墙。

(1)系统构造。EPS 板现浇混凝土(无钢丝网)外保温构造见表 4.6。

表 4.6　EPS 板现浇混凝土(无钢丝网)外保温构造

分类		构造示意图	系统的基本构造				
			①基层墙体	②保温层	③过渡层	④抹面层	⑤饰面层
C1型	涂料饰面	① ② ③ ④	钢筋混凝土墙体	双面经界面砂浆处理的竖向凹槽 EPS 板(EPS 板上安装有塑料卡钉)	—	抹面胶浆复合玻纤网格布(加强型增设一层耐碱玻纤网格布)	涂料或饰面砂浆
C2型	涂料饰面	① ② ③ ④ ⑤	钢筋混凝土墙体	双面经界面砂浆处理的竖向凹槽 EPS 板(EPS 板上安装有塑料卡钉)	胶粉 EPS 颗粒保温浆料(厚度>10 mm)	抹面胶浆复合耐碱网格布(加强型增设一层耐碱网格布)+弹性底涂(总厚度普通型 3～5 mm，加强型 5～7 mm)	柔性耐水腻子(工程设计有要求时)+涂料
	面砖饰面	① ② ③ ④ ⑤	钢筋混凝土墙体	双面经界面砂浆处理的竖向凹槽 EPS 板(EPS 板上安装有塑料卡钉)	胶粉 EPS 颗粒保温浆料(厚度>10 mm)	第一遍抗裂砂浆+热镀锌金属网(四角电焊网或六角编织网)，用塑料锚栓与基层墙体锚固+第二遍抗裂砂浆(总厚度 8～10 mm)	面砖粘结度+面砖+勾缝料

(2)EPS板现浇混凝土(无钢丝网)外保温施工过程。将工厂标准化生产的EPS模块经积木式互相错缝插接拼装成现浇混凝土墙体的外侧免拆模块，用木模板作为内外侧模板，通过连接桥将两侧模板组合成空腔构造，在空腔构造内浇筑混凝土，混凝土硬化后，拆除复合墙体内侧模板和外侧支护，由混凝土握裹连接桥、连接桥拉结模块和模块内表面燕尾槽与混凝土机械咬合所构成的外墙外保温体系。

EPS板现浇混凝土(无钢丝网)外保温施工流程如图4.12所示。

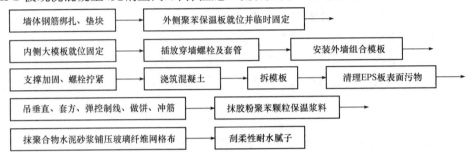

图4.12　EPS板现浇混凝土(无钢丝网)外保温施工流程

1)绑扎钢筋、垫块。外墙钢筋验收合格后，绑扎按混凝土保护层厚度要求制作好的水泥砂浆垫块。每平方米不少于4个。

2)安装聚苯板。先根据建筑物平面图及其形状排列聚苯板，并根据其特殊节点的形状预先将聚苯板裁好，将聚苯板的接缝处涂刷上胶粘剂(有污染的部分必须先清理干净)，然后将聚苯板粘结上。粘结完成的聚苯板不要再移动，在板的专用竖缝处用专用塑料卡子将两块苯板连接到一起，基本拉住聚苯板。

聚苯板安装完毕后，将专用塑料卡子绑扎固定在钢筋上，绑扎时，注意聚苯板底部应绑扎紧一些，使底部内收3~5 mm，以保证拆模后聚苯板底部与上口平齐。

首层的聚苯板必须严格控制在同一水平，以保证上层聚苯板缝隙严密和垂直。在板缝处用聚苯板胶填塞。

3)固定外墙内侧模板。

4)穿入穿墙螺栓。也可按照大模板穿墙螺栓的间距，用电烙铁对聚苯板开孔，使模板与聚苯板的孔洞吻合，孔洞不宜太大，以免漏浆。

5)固定外侧大模板。紧固螺栓，调整垂直、平整度。

6)浇筑混凝土及拆模。墙体模板立好后，须在聚苯板的上端扣上一个槽形的镀锌薄皮板罩，防止浇筑混凝土时污染聚苯板上口。在常温条件下，墙体混凝土浇筑完成(大于1 MPa)，间隔12 h后即可拆除墙体内、外侧面的大模板。EPS板上端镀锌锅板保护罩仍保持不动，做楼板的外模。

7)吊胶粉聚苯颗粒找平层垂直控制线、套方作口，按设计厚度用胶粉聚苯颗粒保温浆料做标准厚度贴饼、冲筋。

8)胶粉聚苯颗粒保温浆料找平施工。找平层固化干燥后(用手掌按不动表面为宜，一般为3~7 d后)，方可进行抗裂层施工。

9)抹抗裂砂浆，铺压耐碱网格布。耐碱网格布按楼层间尺寸事先裁好，抹抗裂砂浆时，将3~4 mm厚抗裂砂浆均匀地抹在保温层表面，立即将裁好的耐碱网格布用铁抹子压入抗裂砂浆内。相邻网格布之间的搭接宽度不应小于50 mm，并不得使网格布皱褶、空鼓、翘边。首层应铺贴双层网格布,第一层铺贴加强型网格布,加强型网格布应对接。然后进行第二层普通网格布的铺贴,两层网格布之间抗裂砂浆必须饱满。在首层墙面阳角处设 2 m 高的专用金属护角,护角应夹在两层网格布之间。其余楼层阳角处两侧网格布双向绕角相互搭接,各侧搭接宽度不小于 150 mm。门窗洞口四角应增加 300 mm×200 mm 的附加网格布,铺贴方向为 45°。

10)刮柔性耐水腻子。刮柔性耐水腻子应在抗裂防护层干燥后施工,做到平整光洁。

11)成品保护。

①在抹灰前应对保温层半成品加强保护,尤其应对首层阳角加以保护。

②分格线、滴水槽、门窗框、管道、槽盒上残存砂浆,应及时清理干净。

③装修时,应防止破坏已抹好的墙面,门窗洞口、边、角宜采取保护性措施。其他工种作业时,不得污染或损坏墙面,严禁蹬踩窗台。

④涂料墙面完工后要妥善保护,不得磕碰损坏。

12)注意事项。

①在外墙外侧安装聚苯板时,将企口缝对齐,墙宽不合模数时,应用小块保温板补齐,门窗洞口处保温板不开洞,待墙体拆模后再开洞。门窗洞口及外墙阳角处聚苯板外侧燕尾槽的缝隙,仍用切割燕尾槽时多余的楔形聚苯板条塞堵,深度为 10~30 mm。

②聚苯板竖向接缝时,应注意避开模板缝隙处。

③在浇筑混凝土时,要注意振捣棒在插、拔过程中不要损坏保温层。

④在整理下层甩出的钢筋时,要特别注意下层保温板边槽口,以免受损。

⑤墙体混凝土浇灌完毕后,如槽口处有砂浆存在,应立即清理。

⑥穿墙螺栓孔,应以干硬性砂浆捻实填补(厚度小于墙厚),随即用保温浆料填补至保温层表面。

⑦聚苯板在开孔或裁小块时,要注意防止碎块掉进墙体内。

⑧施工门窗口应采用胶粉聚苯颗粒保温浆料进行找平。

⑨涂料应与底漆相容。

⑩应遵守有关安全操作规程。新工人必须经过技术培训和安全教育方可上岗。电动吊篮或脚手架经安全检查验收合格后,方可上人施工,施工时应有防止工具、用具、材料坠落的措施。

4.3.2 现场喷涂硬泡聚氨酯外保温系统

聚氨酯泡沫塑沫的导热系数比聚苯乙烯还要小一些,所以其保温效果良好。另外,其防火性能也优于聚苯乙烯泡沫塑料,目前,聚氨酯泡沫塑沫用于墙体和屋面保温可以有喷涂、粘贴、浇筑等施工方法,其中粘贴法与上节聚苯乙烯泡沫塑料板施工方法相同,这里不再叙述,本节主要讲述聚氨酯泡沫塑沫喷涂法。该方法主要应用于外墙表面不规则的保温系统中,其造价高于聚苯乙烯泡沫塑料是其使用受到限制的主要因素。

1. 系统构造

现场喷涂硬泡聚氨酯外保温系统,也称 PU 喷涂系统,该系统由界面层、聚氨酯硬泡保温层、抹面层、饰面层或固定材料等构成,是安装在外墙外表面的非承重保温构造,可用作墙体外保温、内保温和屋面保温,如图 4.13 和图 4.14 所示。

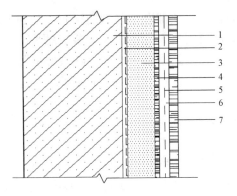

图 4.13　聚氨酯硬泡外墙外保温构造

1—基层墙体；2—防潮隔汽层(必要时)＋胶粘剂(必要时)；3—聚氨酯硬泡保温层；
4—界面剂(必要时)；5—玻璃纤维网格布(必要时)；6—抹面胶浆(必要时)；7—饰面层

图 4.14　聚氨酯喷涂保温作业

2. 现场喷涂硬泡聚氨酯外保温系统施工过程

喷涂硬泡聚氨酯外墙保温系统采用现场聚氨酯硬泡喷涂进行主体保温，采取 ZL 胶粉聚苯颗粒保温浆料找平和补充保温，充分利用了聚氨酯优异的保温和防水性能以及 ZL 胶粉聚苯颗粒外墙外保温体系的柔性抗裂性能，是技术先进、保温性能优良的外墙外保温体系。

(1)施工流程。基层清理→吊垂线、粘贴聚氨酯预制块、聚合物砂浆找补→粘贴聚氨酯预制块→涂刷聚氨酯防潮底漆→喷涂无溶剂硬泡聚氨酯→聚氨酯界面处理→聚苯颗粒浆料找平→抗裂防护层(压入耐碱网布)及饰面层。

(2)施工条件及准备。

1)喷涂施工时的环境温度宜为 10 ℃～40 ℃，风速应不大于 5 m/s(3 级风)，相对湿度应小于 80%，雨天不得施工。当施工时环境温度低于 10 ℃时，应采取可靠的技术措施保证喷涂质量。

2)材料准备。聚氨酯硬质泡沫塑料、聚氨酯界面砂浆、胶粉聚苯颗粒、抹面砂浆、耐碱网格布。

3)技术准备。施工前，须编制操作程序和质量控制的技术交底；加强对进场原材料的质量验收、控制。选择具备资质的专业施工队伍，操作人员必须持证上岗；设置专职质量监督员对整个施工过程进行监控，确保施工质量。

（3）施工要点。

1)基层清理。在聚氨酯硬泡体喷涂施工前，必须将墙体基面清理干净。

2)吊垂线、粘贴聚氨酯预制块、聚合物砂浆找补。吊大墙垂直线，检查墙面平整度及垂直度，用聚合物水泥砂浆修补加固找平。

3)粘贴聚氨酯预制块。吊垂直厚度控制线，由下而上在阴角、阳角、门窗口等处粘贴已经预制好的聚氨酯预制块或板，聚氨酯预制块粘贴后，应达到厚度控制线的位置。对于墙面宽度大于 2 m 处，需增加水平控制线，并做厚度标筋。

4)涂刷聚氨酯防潮底漆。满涂聚氨酯防潮底漆，用滚刷将聚氨酯防潮底漆均匀涂刷，无漏刷、透底现象。

5)喷涂无溶剂硬泡聚氨酯。

6)喷涂作业前，用塑料薄膜等将门窗、脚手架等非涂物遮挡、保护起来。

7)运送到现场的聚氨酯组合料应存放在阴凉通风的临时库房或搭建的棚子内，不应放在露天太阳直射的地方，组合料因发泡剂挥发，应采用密封镀锌铁桶装。在冬期施工气温低时，组合料允许加热到 25 ℃，有阻燃要求的组合料可在出厂前混入阻燃剂，也可在施工现场配入阻燃剂，但要与组合料混合均匀，混入阻燃剂的组合料发泡参数会有所变化且储存时间变短。多异氰酸酯也应存放在无太阳直射的阴凉通风场所，当冬期施工气温低时，多异氰酸酯允许加热到 70 ℃，但不应温度过高。

8)发泡机到现场后接通电源，检查发泡机空运转情况，并打入物料进行循环，检查有无泄漏及堵塞情况，较准计量泵流量，按所需比例调试比例泵，比例误差不得大于 4％。每次都要进行试喷，待试喷正常后再正式进行喷涂作业。

9)喷枪距离墙面 0.4～0.6 m，喷枪移动速度要均匀，以 0.5～0.8 m/s 为宜。一次喷涂厚度要适宜，一次喷涂厚度一般不超过 10 mm。一次喷涂厚度太薄，泡沫体密度大，用料多；一次喷涂厚度多大，反应热难以发散，容易产生变形起鼓缺陷。

10)喷涂过程中随时检查泡沫质量，如外观平整度，有无脱层、发脆发软、空穴、起鼓、开裂、收缩塌陷、花纹、条斑等现象，发现问题及时停机查明原因并妥善处理。喷涂作业完毕 20 min 后，开始清理遮挡保护部位的泡沫及修整超过 10 mm 厚的凸出部位，使喷涂面凹凸不超过 5 mm。

11)聚氨酯界面处理。在聚氨酯硬泡体喷涂完成后 4 h 之内，作界面处理，界面砂浆或界面素浆可用滚子均匀地涂刷于聚氨酯硬泡体表面层上，以保证聚氨酯硬泡体与聚合物水泥砂浆的粘结。

12)聚苯颗粒浆料找平。

①吊胶粉聚苯颗粒找平层垂直控制线，按设计厚度用胶粉聚苯颗粒做标准厚度贴饼、冲筋。

②胶粉聚苯颗粒找平施工。

a.抹胶粉聚苯颗粒找平时，应分两遍施工，每遍间隔在 24 h 以上。

b.抹头遍胶粉聚苯颗粒应压实，厚度不宜超过 1 cm。

c. 第二遍操作时，应达到冲筋厚度并用大杠搓平，用抹子局部修补平整；30 min 后，用抹子再赶抹墙面，用托线尺检测后达到验收标准。

d. 找平层固化干燥后（用手掌按不动表面为宜，一般为 3~7 d 后），方可进行抗裂层施工。

13）抗裂防护层（压入耐碱网布）及饰面层。抹抗裂砂浆，铺压耐碱网布。耐碱网布按楼层间尺寸事先裁好，抹抗裂砂浆时，将 3~4 mm 厚抗裂砂浆均匀地抹在保温层表面，立即将裁好的耐碱网布用铁抹子压入抗裂砂浆内。相邻耐碱网布之间搭接宽度不应小于 50 mm，并不得使网格布皱褶、空鼓、翘边。首层应铺贴双层网格布，第一层铺贴加强型网格布，加强型网格布应对接，然后进行第二层普通网格布的铺贴，两层网格布之间抗裂砂浆必须饱满。在首层墙面阳角处设 2 m 高的专用金属护角，护角应夹在两层网格布之间。其余楼层阳角处两侧网格布双向绕角相互搭接，各侧搭接宽度不小于 150 mm。门窗洞口四角应增加 300 mm×400 mm 的附加网格布，铺贴方向为 45°。

刮柔性腻子应在抗裂防护层固化干燥后施工，做到平整光洁。

14）工程质量及成品保护。

①聚氨酯硬泡组合料、多异氰酸酯、DG 单组分聚氨酯防潮底漆、界面砂浆、聚合物水泥砂浆、耐碱玻璃纤维网格布的质量应符合相关现行规范的指标要求。

②聚氨酯硬泡体必须与墙面粘结牢固，无松动开裂起鼓现象。检查数量按每 20 m 长抽查 1 处，但不少于 3 处，观察并用手推拉检查。

③聚合物水泥砂浆必须与聚氨酯硬泡体粘结牢固，无脱层、空鼓。面层无爆灰及龟裂。检查数量按每 20 m 长抽查 1 处，但不少于 3 处，用小锤轻击和目视检查。

④硬泡保温层厚度应符合设计要求。用 $\phi 1$ mm 钢针刺入至基层表面，每 100 m² 监测 5 处，测量钢针插入深度，最薄处不应少于设计厚度。

⑤抹面层无裂缝及爆灰等缺陷，目视检查。

⑥对喷涂完毕硬泡体及抹完聚合物水泥砂浆的保温墙体，不得随意开凿打孔，若确实需要，应在聚合物水泥砂浆达到设计强度后方可进行，安装完成后，其周围应恢复原状。

⑦防止重物撞击外墙保温系统。

15）安全措施。

①使用的施工机械、电动工具必须做到"三级配电两级保护"并实行"一机一闸一漏一箱"。

②手持电动工具负荷线必须采用橡皮护套铜芯软电缆，并不得有接头；插头、插座应完整，严禁不用插头而将电线直接插入插座内。

③手持电动工具使用前必须作空载检查，外观无损坏及运行正常后方可使用。

④每台吊篮应由专门人员负责操作，并且操作人员必须无不适应高空作业的疾病和生理缺陷，使用前认真阅读说明书，并经常对吊篮进行保养。

⑤操作和施工人员上吊篮必须佩戴安全帽、系安全带。

⑥严禁吊篮超载使用，并且保证佩戴的稳定力矩等于或大于两倍的平台自重、额定核载及风载力矩。

⑦距吊篮 10 m 范围内不能有高压线。

⑧在雷雨、雾天、冰雹、风力大于五级等恶劣天气不能使用吊篮施工。

⑨作业人员离开施工现场，应先拉闸切断电源后离开，避免误碰触开关发生事故。

16)环保措施。

①保温材料、胶粘剂、稀释剂和溶剂等使用后，应及时封闭存放，废料及时清出室内。

②禁止在室内使用有机溶剂清洗施工用具。

③施工现场噪声严格控制在 90 dB 以内。

4.3.3　岩棉板外墙外保温系统

1. 系统构造

由岩棉板保温层、固定材料(胶粘剂、锚固件等)、找平浆料层(必要时)、抹面层和饰面层构成，并固定在外墙外表面的非承重保温构造总称，简称岩棉板外保温系统。该系统包括岩棉板复合浆料外墙外保温系统和岩棉板单层或双层耐碱玻纤网薄抹灰外墙外保温系统。其基本构造见表 4.7 和表 4.8。

表 4.7　岩棉板复合浆料外墙外保温系统基本构造

构造层	组成材料	构造示意图
基层墙体①	混凝土墙或砌体墙	
粘结层②	胶粘剂	
界面层③	界面剂	
保温层④	岩棉板/带	
界面层⑤	界面剂	
找平浆料层⑥	胶粉 EPS 颗粒或膨胀玻化微珠复合后热镀锌电焊网(用锚栓⑦及塑料圆盘⑧固定)	
抹面层⑨	抹面胶浆复合耐碱玻纤网＋防潮底漆	
饰面层⑩	饰面砂浆＋罩面漆或柔性腻子＋涂料	

表 4.8　岩棉板单层或双层耐碱玻纤网薄抹灰外墙外保温系统基本构造

防护层构成形式	构造层	组成材料	构造示意图
单层耐碱玻纤网	基层墙体①	混凝土墙或砌体墙	
	粘结层②	胶粘剂	
	界面层③	界面剂	
	保温层④	TR15 岩棉板或 TR80 岩棉带(用锚栓⑤及塑料圆盘⑥固定)	
	界面层⑦	界面剂	
	抹面层⑧	抹面胶浆复合一层耐碱玻纤网＋防潮底漆	
	饰面层⑨	饰面砂浆＋罩面漆	

防护层构成形式	构造层	组成材料	构造示意图
单层耐碱玻纤网	基层墙体①	混凝土墙或砌体墙	
	粘结层②	胶粘剂	
	界面层③	界面剂	
	保温层④	TR10 或 TR7.5 岩棉板	
	界面层⑤	界面剂	
	抹面层⑥	抹面胶浆复合两层耐碱玻纤网(用锚栓⑦及塑料圆盘⑧固定)+防潮底漆	
	饰面层⑨	饰面砂浆+罩面漆	

2. 岩棉板外墙外保温系统施工过程

(1)基层处理及要求。

1)基层为砌体的部分,用水泥砂浆进行内抹灰找平。

2)为保证保温工程的质量,减少材料的浪费,本系统要求:基层面干燥、平整,平整度≤4 mm/2 m;基层面具有一定强度,表面强度不小于0.5 MPa;基层面无油污、浮尘或空鼓的疏松层等其他异物。

3)当基层面不符合要求时,必须采取有效措施进行处理,完成修整后方可进行保温板施工:

①基层平整度不合格时,凿除墙面过于凸起部位,用1∶3水泥砂浆粉刷找平,养护5~7 d(视强度而定);

②基层面有粉尘、疏松层时,必须铲除、清理干净,采用有关材料处理。如有必要,采用封闭底漆处理,清理和增强界面强度。

(2)粘贴岩棉板施工。

1)吊线。挂基准线、弹控制线时,根据建筑立面设计和外保温技术要求,在建筑外墙阴阳角及其他必要处挂垂直基准线,以控制保温板的垂直度和平整度。在墙面弹出外门、窗口的水平、垂直控制线以及伸缩缝线、装饰条线、装饰缝线、托架安装线等。

2)安装铝合金托架。在勒脚部位外墙面上沿距散水300 mm的位置用墨线弹出水平线,沿水平线安装托架,水平线以下粘贴聚苯板,起到防潮作用。水平线以上粘贴第一层岩棉板。安装托架时,保证托架处于水平位置,两根托架之间留有3 mm的缝隙,托架水平方向宽度小于岩棉厚度。

3)涂刷岩棉界面剂。将界面剂先刷在岩棉板粘贴面,刷界面剂过程中,岩棉板要轻拿轻放,以免损坏岩棉板;在做抹面层施工前再刷岩棉板外表面。岩棉板四周侧边不得涂刷,涂刷要均匀,不得漏刷。

4)胶粘剂配置。胶粘剂是一种聚合物增强的水泥基预制干拌料,在施工时只需按重量比为4∶1(干粉∶水)的比例加水充分搅拌,直到搅拌均匀,稠度适中。

注意胶粘剂应设专人进行配制。视施工环境、气候条件的不同,可在一定范围内通过改变加水量来调节粘胶的施工和易性。加水搅拌后的粘胶要在2 h内用完。

在搅拌和施工时不得使用铝质容器或工具；配置好的胶粘剂严禁二次加水搅拌。

5)翻包网。门窗外侧洞口系统与门窗框的接口处、伸缩缝或墙身变形缝等需要保温终止系统的部位、勒脚、阳台、雨篷、女儿墙等系统尽端处，要采用耐碱网格布对系统的保温实施翻包。翻包网宽度约为 200 mm，在保温板粘结层中的长度不小于 100 mm。

6)岩棉板的粘贴。应优先采用条粘法，施工时先用平边抹灰刀将粘胶均匀地涂到保温板表面上，然后使用专用的锯齿抹子，保持抹子紧贴聚苯板并拖刮出锯齿间其余的粘胶，形成胶浆条。岩棉板上抹完胶粘剂后，应先将岩棉板下端与基层墙体墙面粘贴，然后自上而下均匀挤压、滑动就位。粘贴时应轻柔，并随时用 2 m 靠尺和托线板检查平整度和垂直度。注意清除板边溢出的粘胶，板的侧边不得有粘胶。相邻岩棉板应紧密对接，板缝不得大于 2 mm(板缝应用聚氨酯处理)，且板间高差应不大于 1 mm。

保温板自上而下，沿水平向铺设粘贴，竖缝必须逐行错缝 1/2 板长，在墙角处交错互锁，并保证墙角垂直度。

门窗洞口四角处或局部不规则处岩棉板不得拼接，采用整块岩棉板切割成型，岩棉板接缝离开角部位至少 200 mm，注意切割面与板面垂直。门、窗开口处不得出现板缝。

(3)第一遍抹面胶浆施工。

1)岩棉板粘贴完成 24 h，且施工质量验收合格后，可进行第一遍抹面胶浆施工。

2)抹面胶浆施工前，应根据设计要求做好滴水线条或鹰嘴线条。

3)在门窗洞口四角沿 45°方向铺贴 200 mm×300 mm 玻纤网加强。

4)根据墙面上不同标高的洞口、窗口、檐线等，裁好所用的玻纤网，长度宜为 3 000 mm 左右。

5)在岩棉板表面抹第一遍抹面胶浆，应均匀、平整、无褶皱。

(4)岩棉板锚固施工。

1)第一遍抹面胶浆施工完成 24 h，且施工质量验收合格后，可进行锚栓锚固施工。

2)锚固件的安装应按设计要求，用冲击钻或电锤打孔，钻孔深度应大于锚固深度 10 mm。

3)锚栓按梅花状布置，数量每平方米不小于 10 个。锚栓间距不大于 400 mm，从距离墙角、门窗侧壁 100～150 mm 及从檐口与窗台下方 150 mm 处开始安装。沿墙角或者门窗周边，锚栓适当加密，锚固件间距不大于 250 mm。

4)锚栓安装时，将锚固钉敲入或拧入墙体，圆盘紧贴第一层抹面胶浆，不得翘曲，并及时用抹面胶浆覆盖圆盘及其周围。

(5)第二遍抹面胶浆施工。

1)锚栓安装完成且施工质量验收合格后，可进行第二遍抹面胶浆施工。

2)抹第二遍抹面胶浆应均匀、平整，厚度为 2～3 mm，并趁湿压入第二层玻纤网。

3)玻纤网应自上向下铺设，顺着搭接，玻纤网的上下、左右之间均应有搭接，其搭接宽度不应小于100 mm，玻纤网不得外露，不得干搭接，铺贴要平整、无褶皱。

4)抹面胶浆施工间歇应在一个楼层处，以便后续施工的搭接。在连续墙面上如需停顿，抹面胶浆应形成台阶形坡槎，留槎间距不小于 150 mm。

(6)第三遍抹面胶浆施工。

1)第二次抹面胶浆施工初凝稍干，可进行第三层抹面胶浆施工，抹面胶浆厚度为 1 mm，抹平。

2)抹面胶浆施工完成后，应检查平整度、垂直度、阴阳角方正，对不符合要求的，采用抹面胶浆修补。

（7）电焊网铺设及锚固施工。

1)岩棉板粘贴完成24 h，且施工质量验收合格后，可进行电焊网铺设及锚固施工。

2)电焊网的铺设应压平、找直，并保持阴阳角的方正和垂直度，电焊网不平处用塑料U形卡卡平，然后用锚栓锚固电焊网及岩棉板。

3)电焊网搭接宽度不应小于2个完整的网格，搭接处应用镀锌钢丝绑扎牢固，电焊网搭接处不打锚栓。墙体底部、门窗洞口侧壁、墙体转角处岩棉板采用定型电焊网增强。包边网片要同岩棉板一起由锚栓锚固。

4)锚固件的安装用冲击钻或电锤打孔，钻孔深度应大于锚固深度10 mm。

5)锚栓按梅花状布置，数量每平方米不小于10个。锚栓间距不大于400 mm，从距离墙角、门窗侧壁100～150 mm及从檐口与窗台下方150 mm处开始安装。沿墙角或者门窗周边，锚栓适当加密，锚固件间距不大于250 mm。

6)锚栓安装时，将锚固钉敲入或拧入墙体，圆盘紧贴电焊网，不得翘曲。

（8）找平层施工。施工前用找平砂浆做标准厚度灰饼，然后抹找平砂浆，用大杠刮平，并修补墙面达到平整度要求。施工时，还应注意门窗洞口及阴阳角的垂直、平整及方正。

（9）抹面层施工。

1)在找平层施工完成后3～7 d，且施工质量验收合格后，方可进行抹面层施工。

2)在门窗洞口四角沿45°方向铺贴200 mm×300 mm玻纤网增强。采用护角线条时，护角线条应先用抹面胶浆粘贴在找平层外，外层玻纤网覆盖护角线条。

3)根据墙面上不同标高处的洞口、窗口、檐线等，裁好所用的玻纤网，长度宜为3 000 mm左右。

4)抹第一遍抹面胶浆，厚度为2～3 mm，随即压入玻纤网，铺贴要平整、无褶皱，24 h后，在其表面抹第二遍抹面胶浆，厚度为1～2 mm，以面层凝固后露出玻纤网暗格为宜，抹面胶浆总厚度为3～5 mm。

5)玻纤网应自上向下铺设，顺茬搭接，玻纤网的上下、左右之间均应搭接，搭接宽度不应小于100 mm，玻纤网不得外露，不得干搭接，铺贴要平整、无褶皱。

6)抹面胶浆施工间歇应在一个楼层处，以便施工的搭接。在连续墙面上如需停顿，抹面胶浆应形成台阶形坡槎，留槎间距不小于150 mm。

7)抹面胶浆施工后，检查平整度、垂直度及阴阳角方正，不符合要求的，采用抹面胶浆进行修补。

（10）成品保护。施工过程中和施工结束后，应做好半成品及成品的保护，防止污染和损坏；各构造层材料在完全固化前，应防止淋水、撞击和振动。墙面损坏及使用脚手架的预留孔洞用相同材料修补。

4.4　建筑外墙外保温系统防火问题

目前，建筑外墙外保温系统防火是墙体节能技术重点关注的问题之一，经过近20年来外保温技术在我国的应用和发展，其在建筑节能方面取得了较大的社会效益和经济效益。

但是随着该技术在实际工程中的应用，保温材料的防火问题逐渐浮出水面，成为建筑节能领域专家学者、工程技术人员关注的主要问题，也是近年来我国建筑火灾发生的重要诱因之一。

4.4.1 墙体节能施工导致的火灾案例

1. 上海"11.15"胶州路高层公寓大楼火灾案例

(1)建筑基本情况。上海市静安区胶州路 728 号教师公寓于 1997 年 12 月建成投入使用，为钢筋混凝土剪力墙结构，地上 28 层，地下 1 层，建筑高度为 85 m，总建筑面积约为 18 472 m^2；其中地下 1 层为设备用房、停车库，地上 1 层为办公室及商业用房，地上 2～4 层主要为居住用房，部分用于办公，地上 5 层及以上层为居民住宅；整个建筑共有居民 156 户，440 余人。

2010 年 9 月 24 日，上海市静安区建设和交通委员会组织对教师公寓进行建筑节能综合改造施工，施工内容包括外立面搭设脚手架、外墙喷涂聚氨酯硬泡保温材料、更换外窗等。

该建筑外墙外保温系统的结构由外及内依次为饰面层、薄抹灰外保护层、现场喷涂发泡的硬泡聚氨酯。发生火灾时，建筑外墙地上 1 层至地上 14 层的聚氨酯泡沫发泡喷涂作业已完成；北侧外立面地上 8 层以下及东侧、西侧、南侧 3 面地上 14 层以下已完成无机材料抹平，但未覆盖玻纤网格布和进行其他防护层与饰面层施工；北侧外立面地上 9 层至 14 层未完成找平作业，保温材料裸露。

(2)起火过程及灭火。2010 年 11 月 15 日 13 时左右，上海迪姆物业管理有限公司雇用无证电焊工人吴国略、王永亮将电焊机、配电箱等工具搬至 10 层处，准备加固建筑北侧外立面 10 层凹廊部位的悬挑支撑。14 时 14 分，吴国略在连接好电焊作业的电源线后，用点焊方式测试电焊枪是否能作业时，溅落的金属熔融物引燃北墙外侧 9 层脚手架上找平掉落的聚氨酯泡沫碎块、碎屑。吴国略、王永亮发现起火后，使用现场灭火器进行扑救，但未扑灭，见火越烧越大，两人随即通过脚手架逃离现场。

聚氨酯泡沫碎块、碎屑被引燃后，立即引起墙面喷涂的聚氨酯保温材料及脚手架上的毛竹排、木夹板和尼龙安全网燃烧，并在较短时间内形成大面积的脚手架立体火灾。燃烧后产生的热量直接作用在建筑外窗玻璃表面，使外窗玻璃爆裂，火势通过窗口向室内蔓延，引燃住宅内的可燃装修材料及家具等可燃物品，形成猛烈燃烧，导致大楼整体燃烧。

上海消防总队接警后，共调集 122 辆消防车、1 300 余名消防官兵参加灭火救援，上海市启动应急联动预案，调集本市公安、供水、供电、供气、医疗救护等 10 余家应急联动单位紧急到场协助处置。经全力扑救，大火于 15 时 22 分被控制，18 时 30 分基本扑灭。

(3)火灾伤亡及损失情况。火灾造成 58 人死亡、71 人受伤，直接经济损失 1.58 亿元。地上一层消防控制室、办公室及沿街商铺被烧毁；地上 3 层至 28 层 92 户室内装修及物品基本烧毁，56 户部分烧毁，14 户受高温、烟熏、水渍等；地下室设备房设备及车库内停放的 21 辆小汽车全部被水浸泡。

(4)火灾原因。一是建筑外墙保温工程不应使用燃烧性能为 B3 级易燃外墙保温材料；二是施工现场消防安全管理漏洞多，使用无证电焊工违法施工，且缺乏有效的安全监管；三是关于外墙保温系统的安全技术标准和法律法规亟待完善和补充。

2. 沈阳皇朝万鑫大厦"2.3"火灾案例

(1)建筑基本情况。该建筑原设计保温系统是墙体自保温系统，后改为幕墙保温系统。A座外墙外保温材料为模塑聚苯板，幕墙材料为铝塑板及铝单板，保温材料与外幕墙之间有宽170～600 mm的空腔。B座外墙外保温材料为挤塑聚苯板，幕墙材料为铝塑板及铝单板，保温材料与外幕墙之间有宽190～600 mm的空腔。幕墙系统与地面连接处以胶条密封，水平空隙以胶条连接，无防火分隔。窗口处苯板与窗附框平齐并满粘胶粘剂，苯板与窗附框粘结紧密。

(2)起火简要经过及灭火。经调查，2011年2月3日0时，沈阳皇朝万鑫国际大厦A座住宿人员李某、冯某某二人，在位于沈阳皇朝万鑫国际大厦B座室外南侧停车场西南角处（与B座南墙距离10.80 m，与西南角距离16 m），燃放两箱烟花，引燃B座11层1109房间南侧室外平台地面塑料草坪，塑料草坪被引燃后，引燃铝塑板结合处可燃胶条、泡沫棒、挤塑板，火势迅速蔓延、扩大，致使建筑外窗破碎，引燃室内可燃物，形成大面积立体燃烧。

沈阳消防支队指挥中心接警后，共调集7个公安消防支队和2个企业专职消防队的113辆消防车、581名消防官兵前往救火。用近四个小时将火势扑灭。

(3)火灾伤亡及损失情况。火灾烧毁建筑B座幕墙保温系统；A座幕墙保温系统南立面被烧毁，东立面约1/2、西立面约4/5被烧毁；B座地上11层至37层以及A座地上10层至45层的室内装修、家具不同程度被烧毁，其中B座过火面积约为9 814 m²，A座过火面积为1 025 m²，合计过火面积为10 839 m²，直接财产损失9 384万元。由于疏散及时，火灾未造成人员伤亡。

(4)火灾成因分析及主要教训。一是建筑外墙或幕墙使用铝塑板和保温材料的燃烧性能低，B座使用的挤塑聚苯乙烯保温板的燃烧性能等级为B_2级，A座使用的模塑聚苯乙烯保温板的燃烧性能等级为B_3级，这类保温材料一着即燃。二是外保温系统未做防火封堵、防护层等防火保护措施，建筑幕墙与每层楼板、隔墙处的缝隙，未按《建筑设计防火规范》(GB 50016—2014)的要求采用防火封堵材料进行封堵。A座和B座除地上11层窗户下方保温材料表面设置了薄抹灰防护层外，其他区域外墙保温材料表面未设置防护层。三是A座与B座之间的防火间距不足。A座在使用甲级防火窗后，与B座之间的防火间距缩减至6.50 m，按照《建筑设计防火规范》(GB 50016—2014)是符合规定的，但设计时没有考虑到建筑外墙采用了厚达60 mm和80 mm的聚苯乙烯保温材料。火灾发生后，在大面积的外墙燃烧时产生的大量飞火和通过窗口发射出的高强度辐射热的作用下，A座外墙的幕墙保温系统被引燃。

以上案例是近年来由于外墙保温材料引起的火灾事故。目前，世界上大多数国家都使用有机保温材料作为建筑保温材料，这些材料如聚苯乙烯泡沫塑料、聚氨酯泡沫塑料等普遍都具有导热系数小、质量小、施工方便、保温效果好的优点，但同时也存在易燃烧、防火差的缺点。EPS板现在在美国一些州已经禁止用于墙体保温，英国也禁止用于18 m以上建筑，但是在我国，EPS板却正在大规模推广使用。另外，一些生产塑料泡沫板的厂家为降低成本，采用废旧聚苯塑料做原料，对产品不作阻燃处理或处理不到位，直接导致了部分市面上的塑料泡沫板遇火即燃，燃烧过程中产生滴落、浓烟，从而增加了火灾发生的可能性，也加剧了火灾的危害性。

4.4.2 建筑材料的燃烧性能要求

我国建筑材料及制品燃烧性能的基本分级为 A、B_1、B_2、B_3，常用建筑材料燃烧性能分级和示例见表 4.9。

表 4.9 常用建筑材料燃烧性能分级和示例

燃烧性能等级	名称	举例
A	不燃材料(制品)	钢材、混凝土、砖、砌块、石膏板、岩棉、玻璃棉
B_1	难燃材料(制品)	纸面石膏板、胶粉聚苯颗粒浆料
B_2	可燃材料(制品)	经阻燃处理的聚苯乙烯(EPS、XPS)、聚氨酯、聚乙烯木制品
B_3	易燃材料(制品)	有机涂料

根据《建筑设计防火规范》(GB 50016—2014)，对于建筑保温系统材料的选用，有如下要求：

(1)建筑的内、外保温系统，宜采用燃烧性能为 A 级的保温材料，不宜采用 B_2 级保温材料，严禁采用 B_3 级保温材料；设置保温系统的基层墙体或屋面板的耐火极限应符合本规范的有关规定。

(2)建筑外墙采用内保温材料时，保温系统应符合下列规定：

1)对于人员密集场所，用火、燃油、燃气等具有火灾危险性的场所以及各类建筑内的疏散楼梯间、避难走道、避难间、避难层等场所或部位，应采用燃烧性能为 A 级的保温材料；

2)对于其他场所，应采用低烟、低毒且燃烧性能不低于 B_1 级的保温材料；

3)保温系统应采用不燃材料做防护层，采用燃烧性能为 B_1 级的保温材料时，防护层的厚度不应小于 10 mm。

(3)建筑外墙采用保温材料与两侧墙体构成无空腔复合保温结构体时，该结构体的耐火极限应符合本规范的有关规定；当保温材料的燃烧性能为 B_1、B_2 级时，保温材料两侧的墙体应采用不燃材料且厚度均不应小于 50 mm。

设置人员密集场所的建筑的外墙外保温材料的燃烧性能为 A 级。

(4)与基层墙体、装饰层之间无空腔的建筑外墙外保温系统，其保温材料应符合下列规定：

1)住宅建筑。

①建筑高度大于 100 m 时，保温材料的燃烧性能为 A 级；

②建筑高度大于 27 m，但不大于 100 m 时，保温材料的燃烧性能不应低于 B_1 级；

③建筑高度不大于 27 m 时，保温材料的燃烧性能不应低于 B_1 级。

2)除住宅建筑和设置人员密集场所的建筑外，其他建筑：

①建筑高度大于 50 m 时，保温材料的燃烧性能为 A 级；

②建筑高度大于 24 m，但不大于 50 m 时，保温材料的燃烧性能不应低于 B_1 级；

③建筑高度不大于 24 m 时，保温材料的燃烧性能不应低于 B_2 级。

(5)除设置人员密集场所的建筑外，与基层墙体、装饰层之间有空腔的建筑外墙外保温系统，其保温材料应符合下列规定：

1）建筑高度大于 24 m 时，保温材料的燃烧性能为 A 级；

2）建筑高度不大于 24 m 时，保温材料的燃烧性能不应低于 B$_1$ 级。

（6）当建筑的外墙外保温系统采用燃烧性能为 B$_1$、B$_2$ 级保温材料时，应符合下列规定：

1）除采用 B$_1$ 级保温材料且建筑高度不大于 24 m 的公共建筑或采用 B$_1$ 级保温材料且建筑高度不大于 27 m 的住宅建筑外，建筑外墙上门、窗建筑的外墙耐火完整性不应低于 0.5 h；

2）应在保温系统中每层设置水平防火隔离带，防火隔离带应采用燃烧性能为 A 级的材料，防火隔离带的高度不应小于 300 mm。

4.4.3 防火隔离带

防火隔离带是指设置在可燃、难燃保温材料外墙中，按水平方向分布，采用不燃保温材料制成，以阻止火灾沿外墙面或在外墙外保温系统内蔓延的防火构造，为此，需要具有一定的设计宽度和长度且与墙体无空腔粘结，并由 A 级不燃保温材料构成，常用燃烧性能为 A 级的岩棉板、泡沫玻璃、无机保温砂浆等。当前我国建筑保温的有关规范允许在部分建筑中使用燃烧性能为 B$_1$、B$_2$ 等级的保温材料，但一般要求设置防火隔离带。如图 4.15 所示，图中在 2 层与 3 层之间、4 层与 5 层之间的加粗横线即为防火隔离带。图 4.16 所示为防火隔离带细部构造图。

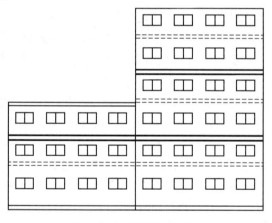

图 4.15 防火隔离带图示

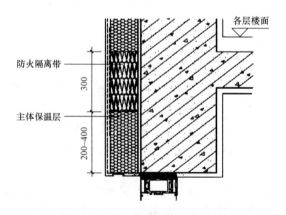

图 4.16 防火隔离带细部构造图

防火隔离带设置要求如下：

（1）防火隔离带应与基层墙体可靠连接，应能适应外保温系统的正常变形而不产生渗透、裂缝和空鼓，应能承受自重、风荷载和室外气候的反复作用而不产生破坏。

（2）宜优先选用岩棉带防火隔离带。

（3）采用岩棉带时，应进行表面处理，可采用界面剂或界面砂浆进行涂覆处理，也可采用玻璃纤维网格布聚合物砂浆进行包覆处理。

（4）防火隔离带宽度为 300 mm，厚度宜与外保温系统厚度相同。防火隔离带连接方式应为粘锚结合。

（5）防火隔离带部位应加铺底层玻纤网格布，底层玻纤网格布垂直方向超出防火隔离带不应小于 100 mm，水平方向可对接，对接位置离防火隔离带保温板接缝位置不应小于 100 mm。面层玻纤网格布的上下如有搭接，搭接位置距离隔离带不应小于 200 mm，目的在于减小隔离带与大面材料接缝处开裂的概率。

（6）防火隔离带保温板应与基层墙体全面积粘贴。防火隔离带保温层施工应与外墙外保温系统保温层同步进行，不应在外墙外保温系统保温层中预留位置，然后再粘贴防火隔离带保温板。

（7）防火隔离带保温板与外墙外保温系统保温板之间应拼接严密，宽度超过 2 mm 的缝隙，应用外墙外保温系统保温材料填塞。

（8）门窗洞口应先做洞口周边的保温层，再做大面保温板和防火隔离带，最后做抹面胶浆抹面层。抹面层应连续施工，并应完全覆盖隔离带和保温层。在窗角处应连续施工，不应留槎。

（9）防火隔离带工程应作为建筑节能工程的分项工程进行验收。

4.5　玻璃幕墙的节能设计与施工

玻璃幕墙是近几十年来建筑外墙的流行形式，特别是在我国，更被看作是中国建筑国际化的必备元素。然而，随着玻璃幕墙的大量使用，人们也开始认识到该种结构形式在建筑能耗方面的巨大缺陷，为此，当前玻璃幕墙也已发展出不同的系统来提高热工性能。

4.5.1　幕墙的定义、特点及分类

1. 幕墙定义

幕墙是一种悬挂在建筑物结构框架外侧的外墙围护结构。结构功能是承受风、地震、自重等荷载作用并将这些荷载传递至建筑物主体结构。建筑功能是抵抗气候、雨、光、声等环境力量对建筑物的影响，还可增加整体建筑物的美观感。

2. 幕墙特点

（1）幕墙是完整的结构体系，直接承受荷载，并传递至主体结构。

（2）幕墙包封主体结构，不使主体结构外露。

(3)幕墙悬挂于主体结构之上，并且相对于主体结构可以活动。

3. 建筑幕墙的发展趋势

(1)第一代"准幕墙"(1850—1950年)。第一代"准幕墙"具有现代幕墙雏形，做法是将幕墙板材直接固定在立柱上而无横梁过渡。缺点是渗水、噪声、保温问题无法解决。

(2)第二代幕墙(1950—1980年)。第二代幕墙的做法是采用压力平衡手段来解决明框幕墙的渗水问题，并设立了内排水系统和渗水排出孔道；大量应用反射及Low-E玻璃，提高保温性能；单元式幕墙开始应用，提高工厂化程度，减少现场作业量。

(3)第三代幕墙(1985年至今)。第三代幕墙的做法是广泛应用结构密封材料(隐框幕墙)；发明工厂预制板式拼装体系(确保水密性)；采用不透光但能换气的窗间墙(冬天保温，夏天换气)；采用新材料新方法(钢索桁架点支式幕墙)；可视的外表面，如图4.17所示。

图4.17 玻璃幕墙建筑

(4)正在发展中的第四代幕墙——主动墙。

1)**热通道幕墙**：预制幕墙的外层利用双层玻璃形成温室效应。夏天，将暖风送至顶部并通过空气总管加热生活用水；冬天，利用室内形成的温室效应，并通过一个装置把暖空气送入室内。

2)**水流管网热通道幕墙**：预制幕墙外层利用竖框或横梁的管腔作为水或其他液体的通道。太阳辐射热通过玻璃积蓄在墙体或实心板中，用来加热盥洗用水或建筑采暖用水。

3)**热能与储能飞轮**：利用热通道技术和设备将暖空气或热空气送入楼板的管或槽中；在夏天或好天，可将热能积蓄在保温良好的池中，以备冬天或冷天使用。

4)生态主动墙：将植物植于预制幕墙的双层玻璃之间，使其与阳光一起作为能量生成装置(光合作用)和湿度平衡装置。

5)光电主动墙：预制幕墙通过墙上太阳能电池产生能量，并将其转换为计算机和办公设备所需的电能，也可通过蓄电池储存以备用。

4. 建筑幕墙分类

(1)按面板材料，可分为玻璃幕墙、石材幕墙、金属幕墙、光电幕墙四种类型。

(2)按框架材料，可分为铝合金幕墙、彩色钢板幕墙、不锈钢幕墙三种类型。

(3)按加工程度和安装工艺，可分为构件式幕墙、单元式幕墙两种类型。

1)构件式幕墙是指在工厂制作元件和组件(立柱、横梁、玻璃)，再运往工地，将立柱用连接件安装在主体结构上，再将横梁连接在立柱上，形成框格后安装玻璃。

2)单元式幕墙是指在工厂加工竖框、横框等元件，用这些元件拼装成组合框，将面板安装在组合框上，形成单元组件。可直接运往工地固定在主体结构上，通过在工地安装好的内侧连接件，连接在主体结构上。

5. 玻璃幕墙分类

(1)框式玻璃幕墙：玻璃面板直接嵌固在框架内或通过胶结材料粘结在框架上构成框式玻璃幕墙；框架由铝型材横梁和立柱组成，是支承结构。玻璃幕墙按照幕墙表现形式(玻璃镶嵌)，可分为明框玻璃幕墙、隐框玻璃幕墙、半隐框玻璃幕墙三种。

(2)点支式玻璃幕墙：玻璃面板通过金属连接件和紧固件在其角部以点连接的形式连接支承结构；支承结构有单柱式、桁架式、拉杆拉索等。

(3)全玻璃幕墙：玻璃面板通过胶结材料、金属连接件与玻璃肋相连，构成全玻璃幕墙；玻璃肋是玻璃面板的支承梁。

4.5.2　节能幕墙设计

1. 节能幕墙设计要求

(1)应在窗间墙、天花等部位采取保温、隔热措施。

(2)医院、办公楼、旅馆、学校等建筑的外窗应设置足够面积的开启部分，并应与建筑的使用空间相协调。采用玻璃幕墙时，在每个有人员经常活动的房间，玻璃幕墙均应设置可开启的窗扇或独立的通风换气装置。

(3)当建筑采用双层玻璃幕墙时，宜采用空气外循环的双层形式。空调建筑的双层幕墙，其夹层内应设置可以调节的活动遮阳装置，并采用智能控制。

(4)建筑幕墙的非透明部分，应充分利用幕墙面板背后的空间，采用高效、耐久的保温材料进行保温。

(5)空调建筑大面积采用玻璃窗、玻璃幕墙时，根据建筑功能、建筑节能的需要，可采用智能化控制的遮阳系统、通风换气系统等。智能化的控制系统应能够感知天气的变化，能结合室内的建筑需求，对遮阳装置、通风换气装置等进行实时的控制，达到最佳的室内舒适效果和降低空调能耗。

2. 智能型呼吸式幕墙基本概念

根据《建筑幕墙》(GB/T 21086—2007)的定义，智能型呼吸式幕墙是指由外层幕墙、热通道和内层幕墙(或门、窗)构成,且在热通道内可以形成空气有序流动的建筑幕墙。其根据结构形式可分为外通风式、内通风式和混合通风式三种类型,如图4.18、图4.19所示。

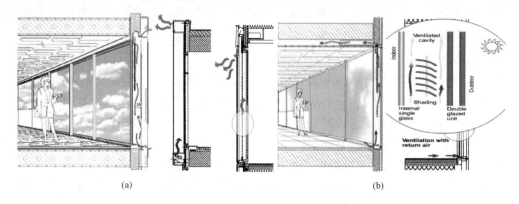

(a)   (b)

图4.18 智能型呼吸式幕墙示意
(a)外通风式;(b)内通风式

图4.19 外通风智能型呼吸式幕墙(上海西门子中心)

(1)外通风式:进出风口在室外。炎热气候下打开进出风口,利用烟囱效应带走大量热量,能大幅度节约制冷能耗。寒冷气候下关闭进出风口,能形成温室效应,也可节约采暖能耗。

(2)内通风式:进出风口在室内。利用机械装置抽取室内废气进入热通道,形成流动的保温、隔热层,能大幅度节约采暖能耗。炎热气候下也可节约制冷能耗。

(3)混合通风式:在外层幕墙和内层幕墙各设有一个进风口,并在热通道底部设置一个与内、外层幕墙进风口相连的密封箱,通过控制密封箱的工作状态,实现外通风和内通风之间的相互转换。

3.智能型呼吸式幕墙的优点

(1)节能效果明显。不同类型幕墙的节能效果比较见表4.10。

表 4.10 不同类型幕墙的节能效果比较

序号	幕墙类型	传热系数 K /$[W \cdot (m^2 \cdot K)^{-1}]$	遮阳系数 SC	围护结构平均热流量 /$(W \cdot m^{-2})$	围护结构节能百分比/%	备注
1	基准幕墙	6	0.7	336.46	0	非隔热型材 非镀膜单玻
2	节能幕墙	2.0	0.35	166.99	50.4	隔热型材 镀膜中空玻璃
3	智能型呼吸式幕墙	<1.0	0.2	101.16	69.9(39.5)	

注：计算以北京地区夏季为例，建筑体形系数取 0.3，窗墙面积比取 0.7，外墙（包括非透明幕墙）传热系数取 0.6 W/($m^2 \cdot$ K)，室外温度取 34 ℃，室内温度取 26 ℃，夏季垂直面太阳辐射照度取 690 W/m^2，室外风速取 1.9 m/s，内表面换热系数取 8.3 W/m^2。

(2)隔声。采用 6 mm 厚玻璃的单层幕墙，开启扇关闭时隔声量约为 30 dB，但当开启扇打开时，其隔声能力很差，隔声量仅为 10 dB；采用智能型呼吸式幕墙，风口和开启扇关闭时，隔声量可达到 42 dB，且在开启外层幕墙风口和内层幕墙开启扇时，仍有较高的隔声能力，其隔声量可达到 30 dB。

(3)性价比高。

4.5.3 节能幕墙的施工

1. 幕墙工程的一般规定

幕墙工程是外墙非常重要的装饰工程，其设计计算、所用材料、结构形式、施工方法等，关系到幕墙的使用功能、装饰效果、结构安全、工程造价、施工难易等各个方面。因此，为确保幕墙工程的装饰性、安全性、易装性和经济性，在幕墙的设计、选材和施工等方面，应严格遵守下列规定：

(1)幕墙及其连接件应具有足够的承载力、刚度和相对于主体结构的位移能力。幕墙构架立柱的连接金属角码与其他连接件应采用螺栓连接，并应有防松动措施。

(2)隐框、半隐框幕墙所采用的结构粘结材料，必须是中性硅酮结构密封胶，其性能必须符合《建筑用硅酮结构密封胶》(GB 16776—2005)中的规定；硅酮结构密封胶必须在有效期内使用。

(3)立柱和横梁等主要受力构件，其截面受力部分的壁厚应经过计算确定，且铝合金型材的壁厚应≥3.0 mm，钢型材壁厚应≥3.5 mm。

(4)隐框幕墙、半隐框幕墙构件中，板材与金属之间硅酮结构密封胶的粘结宽度，应分别计算风荷载标准值和板材自重标准值作用下硅酮结构密封胶的粘结宽度，并选取其中较大值，且应≥7.0 mm。

(5)硅酮结构密封胶应打注饱满，并应在温度为 15 ℃～30 ℃、相对湿度＞50%、洁净的室内进行；不得在现场的墙上打注。

(6)幕墙的防火除应符合现行国家标准《建筑设计防火规范》(GB 50016—2014)的有关规

定外，还应符合下列规定：

1)应根据防火材料的耐火极限决定防火层的厚度和宽度，并应在楼板处形成防火带。

2)防火层应采取隔离措施。防火层的衬板应采用经过防腐处理，且厚度≥1.5 mm的钢板，但不得采用铝板。

3)防火层的密封材料应采用防火密封胶。

4)防火层与玻璃不应直接接触，一块玻璃不应跨两个防火分区。

(7)主体结构与幕墙连接的各种预埋件，其数量、规格、位置和防腐处理必须符合设计要求。

(8)幕墙的金属框架与主体结构预埋件的连接、立柱与横梁的连接及幕墙面板的安装，必须符合设计要求，安装必须牢固。

(9)单元幕墙连接处和吊挂处的铝合金型材的壁厚应通过计算确定，并应≥5.0 mm。

(10)幕墙的金属框架与主体结构应通过预埋件连接，预埋件应在主体结构混凝土施工时埋入，预埋件的位置必须准确。当没有条件采用预埋件连接时，应采用其他可靠的连接措施，并应通过试验确定其承载力。立柱应采用螺栓与角码连接，螺栓的直径应经过计算确定，并应≥10 mm。不同金属材料接触时，应采用绝缘垫片分隔。幕墙上的抗裂缝、伸缩缝、沉降缝等部位的处理，应保证缝的使用功能和饰面的完整性。幕墙工程的设计应满足方便维护和清洁的要求。

2. 玻璃幕墙的基本技术要求

(1)对玻璃的基本技术要求。玻璃幕墙所用的单层玻璃厚度，一般为6 mm、8 mm、10 mm、12 mm、15 mm、19 mm；夹层玻璃的厚度，一般为(6+6) mm、(8+8) mm(中间夹聚氯乙烯醇缩丁醛胶片，干法合成)；中空玻璃厚度为(6+d+5) mm、(6+d+6) mm、(8+d+8) mm等(d为空气厚度，可取6 mm、9 mm、12 mm)。幕墙宜采用钢化玻璃、半钢化玻璃、夹层玻璃。有保温隔热性能要求的幕墙，宜选用中空玻璃。

(2)对骨架的基本技术要求。用于玻璃幕墙的骨架，除了应具有足够的强度和刚度外，还应具有较高的耐久性，以保证幕墙的安全使用和寿命。如铝合金骨架的立梃、横梁等，要求表面氧化膜的厚度不应低于AA15级。

为了减少能耗，目前提倡应用断桥铝合金骨架。如果在玻璃幕墙中采用钢骨架，除不锈钢外，其他应进行表面热渗镀锌。粘结隐框玻璃的硅酮密封胶(工程中简称结构胶)十分重要，结构胶应有与接触材料的相容性试验报告，并有保险年限的质量证书。

点式连接玻璃幕墙的连接件和连系杆件等，应采用高强度金属材料或不锈钢精加工制作，有的还要承受很大预应力，技术要求比较高。

3. 框式玻璃幕墙的施工工艺

施工工艺流程为：测量、放线→调整和后置预埋件→确认主体结构轴线和各面中心线→以中心线为基准向两侧排基准竖线→按图样要求安装钢连接件和立柱、校正误差→钢连接件满焊固定、表面防腐处理→安装横框→上、下边封修→安装玻璃组件→安装开启窗扇→填充泡沫棒并注胶→清洁、整理→检查、验收。

窗间墙、窗槛墙之间采用防火材料堵塞，隔离挡板采用厚度为1.5 mm的钢板，并涂防火涂料2遍。

避雷设施安装时，均压环应与主体结构避雷系统相连，预埋件与均压环通过截面面积不小于 48 mm² 的圆钢或扁钢连接。圆钢或扁钢与预埋件均压环进行搭接焊接，焊缝长度不小于 75 mm。位于均压环所在层的每个立柱与支座之间应用宽度不小于 24 mm、厚度不小于 2 mm 的铝条连接，保证其导电电阻小于 10 Ω。

4. 隐框玻璃幕墙的施工简述

隐框玻璃幕墙是指金属框架构件全部不显露在外表面的玻璃幕墙。隐框玻璃幕墙的玻璃是用硅酮结构密封胶粘结在铝框上的，铝框用机械方式固定在集料上。玻璃与铝框之间完全靠结构胶粘结，结构胶要受玻璃自重和风荷载、地震等外力作用以及温度变化的影响。因而，结构胶的性能及打胶质量是隐框玻璃幕墙安全性的关键环节之一，如图 4.20 所示。

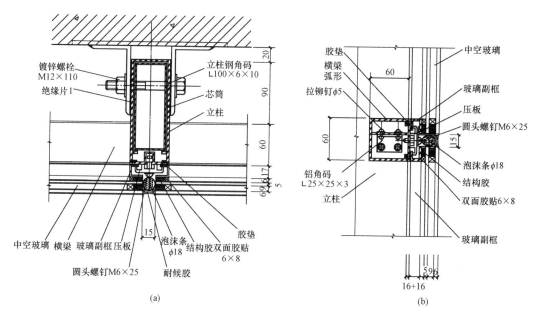

图 4.20 隐框玻璃幕墙组成及节点

(a)隐框玻璃幕墙水平节点；(b)隐框玻璃幕墙垂直节点

第5章　屋面节能技术

屋面是建筑物围护结构的主要部分，在建筑物围护结构中，屋面传热占建筑物围护结构的 6%～10%，对于多层建筑，约占 10%，高层建筑约占 6%，而别墅等低层建筑，要占 12%以上，因此，屋面建筑节能是建筑围护结构节能的重要组成部分。

5.1　屋顶节能设计与构造

屋面节能设计除要考虑保温外，在南方地区和北方部分地区还要考虑隔热，主要通过采用铺设保温材料、架空通风屋面、绿化屋面等技术实现。屋面保温设计绝大多数为外保温构造，这种构造受周边热桥影响较小。为了提高屋面的保温能力，屋顶的保温节能设计要采用导热系数小、轻质高效、吸水率低（或不吸水）、有一定抗压强度、可长期发挥作用且性能稳定可靠的保温材料作为保温隔热层。

屋面保温层的构造应符合下列规定：

(1)保温层设置在防水层上部时，保温层的上面应做保护层。

(2)保温层设置在防水层下部时，保温层的上面应做找平层。

(3)屋面坡度较大时，保温层应采取防滑措施。

(4)吸湿性保温材料不宜用于封闭式保温层。

5.1.1　屋面保温材料

按施工方式的不同，屋面保温层可分为散料保温层、现浇式保温层、板块保温层等。

(1)板材——憎水性水泥膨胀珍珠岩保温板、聚苯乙烯泡沫塑料板、聚氨酯泡沫塑沫保温板、硬质和半硬质的玻璃棉或岩棉保温板。

(2)块材——水泥聚苯空心砌块等。

(3)卷材——玻璃棉毡和岩棉毡等。

(4)散料——膨胀珍珠岩、发泡聚苯乙烯颗粒等。

5.1.2　保温层的位置（正置式和倒置式）

根据保温层和防水层的位置关系，可分为正置式屋面和倒置式屋面，如图 5.1 所示。目前，随着各种吸水率低、耐气候性强的憎水保温材料（如聚苯乙烯泡沫塑料板和聚氯酯泡沫塑料板）的大量使用，倒置式屋面广泛应用于节能屋面设计中，其具有保护防水层、施工方便、提高屋面使用寿命等优点，如图 5.2 所示。

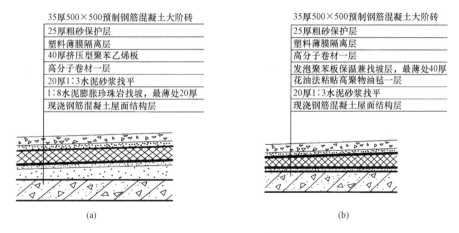

图 5.1　保温层和防水层的位置关系

（a）正置式屋面；（b）倒置式屋面

图 5.2　倒置式屋面用砾石做保护层

5.2　屋面隔热

5.2.1　反射屋面

反射屋面是指在屋面面层利用表面材料的颜色和光滑度对热辐射的反射作用隔热，可用于平屋顶和坡屋顶。例如，屋面采用淡色砾石屋面或在表面铺设铝箔，对反射降温都有明显效果，适用于炎热地区。

5.2.2　架空屋面

架空屋面是指在屋面上设置架空层，通过屋面自然通风将屋面的热量带走。架空层宜在通风较好的建筑上采用，不宜在寒冷地区采用。高层建筑林立的城市地区，空气流动较差，也会影响架空屋面的隔热效果。其构造如图 5.3 所示。

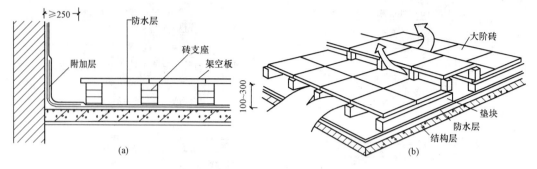

图 5.3　架空屋面构造

(a)平屋面架设通风隔热层构造示意；(b)大阶砖中间出风口

架空通风隔热间层设于屋面防水层上，其隔热原理是：一方面利用架空的面层遮挡直射阳光；另一方面利用间层通风散发一部分层内的热量，将层内的热量不间断地排除。其适用于具有隔热要求的屋面工程。

架空屋面设置要点如下：

(1)架空隔热屋面应在通风较好的平屋面建筑上采用，其在夏季风量小的地区和通风差的建筑上适用效果不好，尤其在高女儿墙情况下不宜采用，应采取其他隔热措施。寒冷地区也不宜采用，因为到冬天寒冷时也会降低屋面温度，反而使室内降温。

(2)架空的高度一般在100～300 mm，并要视屋面的宽度、坡度而定。如果屋面宽度超过10 m，应设通风屋脊，以加强通风强度。

(3)架空屋面的进风口应设在当地炎热季节最大频率风向的正压区，出风口设在负压区。

(4)架空板的铺设应平整、稳固；缝隙宜采用水泥砂浆或水泥混合砂浆嵌填。

(5)架空隔热板距离女儿墙不得小于250 mm，以利于通风，避免顶裂山墙。

(6)架空板支座底面的柔性防水层上应采取增设卷材或柔软材料的加强措施，以免损坏已完工的防水层。

5.2.3　种植屋面

种植屋面是指铺以种植土或设置容器种植植物的建筑屋面和地下建筑顶板，除可以起到屋面隔热的作用外，同时有利于调节生态环境，改善空气质量，美化城市景观，改善城市的热岛效应，可广泛用于北方和南方地区，如图5.4和图5.5所示。

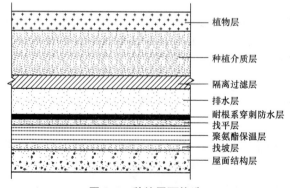

图 5.4　种植屋面构造

图 5.5　种植屋面示意

种植屋面设置要点如下：

(1)新建种植屋面工程的结构承载力设计，必须包括种植荷载。既有建筑屋面改造成种植屋面时，其荷载必须在屋面结构承载力允许的范围内。

(2)种植屋面工程设计应遵循"防、排、蓄、植并重，安全、环保、节能、经济，因地制宜"(简单，适用，新型)的原则，以及施工环境和工艺的可操作性。

(3)种植屋面防水层的合理使用年限不应少于 15 年，应采用两道或两道以上防水设防，上道必须为耐根穿刺防水层，防水层的材料应相容。

(4)种植设计宜以覆土种植与容器种植相结合，生态和景观相结合。

(5)简单式种植屋面绿化面积宜占屋面总面积的 80% 以上；花园式种植屋面绿化面积宜占屋面总面积的 60% 以上。

(6)倒置式屋面不应作满覆土种植。

(7)种植土厚度不宜小于 100 mm。

(8)种植屋面的结构层宜采用现浇钢筋混凝土。

(9)屋面防水层完工后，应做蓄水试验，蓄水 24 h 无渗漏为合格。

(10)种植屋面应由专人管理，及时清除枯草、洒水养护。

5.2.4　蓄水屋面

蓄水屋面是指在屋面设置有一定存水能力的构造，从而起到隔热作用的屋面。其隔热原理如图 5.6 所示。

当太阳射至蓄水屋面时，由于水面的反射作用而减少了辐射热。投射到水层的辐射热，其含热较多的长波部分被水吸收，加热水层。由于水的热容量大，水深则消耗太阳的辐射热量多，增加水层温度少，水面由蒸发、对流及辐射三种形式散热。其中，蒸发散热占散热量的 70%～80%。水在蒸发时，要消耗大量的汽化热，水温越高，

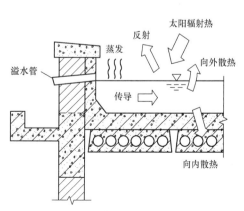

图 5.6　蓄水屋面隔热原理

蒸发越大，水蒸发带走了热量。由于水的导热系数低，深蓄水表面吸收太阳辐射热后，不易迅速向下传导，使混凝土导热面的温度低于水表面温度。而混凝土的导热系数较高，下表面吸收室内热迅速传递给上表面后，被水吸收，经过传导作用而传至水表面蒸发扩散。随着水层深度增加，屋面内、外表面及室内温度相对降低，可见深蓄水屋面的热稳定性比较好。由于水的热容量大，比热高，故又可起到保温作用。

蓄水屋顶在构造上有开敞式和封闭式两种。

(1)开敞式蓄水屋面适用于夏季需要隔热而冬季不需要保温或兼顾保温的地区。夏季屋顶外表面温度最高值随蓄水层深度增加而降低，并具有一定热稳定性。水层浅，散热快，理论上以 25～40 mm 的水层深度散热最快。实践表明，这样浅的水层容易蒸发干涸。在工程实践中一般浅水层采用 100～150 mm，中水层采用 200～350 mm，深水层采用 500～600 mm。如在蓄水屋顶的水面上培植水浮莲等水生植物，屋顶外表面温度可降低 5 ℃左右，适宜夜间使用的房间的屋顶。开敞式蓄水屋顶可用刚性防水屋面，也可用柔性防水屋面。

(2)封闭式蓄水屋面水面上有设置盖板的蓄水屋顶。盖板可分为固定式和活动式两种。

1)固定式盖板。有利于冬季保温，做法是在平屋顶的防水层上用水泥砂浆砌筑砖或混凝土墩，然后将设有隔蒸汽层的保温盖板放置在混凝土墩上。板间留有缝隙，雨水可从缝隙流入。蓄水高度大于 160 mm，水中可养鱼。人工供水的水层高度可由浮球自控。如果落入的雨水超过设计高度，水经溢水管排出。另外，在女儿墙上设有溢水管供池水溢泄。

2)活动式盖板。可在冬季白昼开启保温盖板，利用阳光照晒水池蓄热，夜间关闭盖板，借池水所蓄热量向室内供暖。夏季相反，白天关闭隔热保温盖板，减少阳光照晒，夜间开启盖板散热，也可用冷水更换池内温度升高的水，借以降低室温。

第6章 建筑门窗节能技术

建筑门窗作为建筑物表面围护结构的一部分，可以说是建筑物保温隔热性能最薄弱的部位，无论是在寒冷的冬季，还是在炎热的夏季，都直接影响到建筑内部的热舒适度和能耗情况，因此，提高门窗的保温隔热性能是降低建筑长期能耗的重要途径之一。

根据前面的知识点，建筑物通过门窗与外界环境之间的热交换主要有传导、辐射和对流三种方式。其中，太阳辐射作为主要的热辐射源，是夏季室内温度过高的主要因素。另外，在冬季，通过窗户缝隙的冷风渗透是影响窗户保温性能的重要因素。过去我国建筑的外门窗普遍存在保温隔热性能差、密封性能差的问题，随着节能材料的发展，许多节能门窗材料开始在我国大规模推广使用。

6.1 门窗的材料选择

目前，节能门窗设计的重点是改善材料的保温隔热性能和提高门窗的密闭性能。从门窗材料来看，近些年出现了铝合金断热型材、铝木复合型材、钢塑整体挤出型材、塑木复合型材以及 UPVC 塑料型材等一些技术含量较高的节能产品。其中使用较广的是 UPVC 塑料型材，它所使用的原料是高分子材料——硬质聚氯乙烯。它不仅生产过程中能耗少、无污染，而且材料导热系数小，多腔体结构密封性好，因而保温隔热性能好。UPVC 塑料门窗在欧洲各国已经采用多年，在德国塑料门窗中已经占了 50%。为了解决大面积玻璃造成能量损失过大的问题，人们运用了高新技术，将普通玻璃加工成中空玻璃、镀膜玻璃（包括反射玻璃、吸热玻璃）、高强度 Low-E 防火玻璃（高强度低辐射镀膜防火玻璃）、采用磁控真空溅射方法镀制含金属银层的玻璃以及根据环境情况可变色的智能玻璃。

6.2 建筑门窗的热工性能及选择

6.2.1 普通玻璃

普通平板玻璃虽然具有造价低廉、采光性能好、施工安装方便、技术成熟等特点，但其传热系数大、能耗高。根据实测，普通平板玻璃塑料框窗户的传热系数 $K=4.63$ W/(m^2·K)，气密性系数 $A=1.2$ m^3/(m·h)；节能效果较好的双层玻璃塑料框窗的传热系数 $K=2.37$ W/(m^2·K)，气密性系数 $A=0.53$ m^3/(m·h)。两者的 K 值和 A 值之比分别为

50％和44.1％。因此，平板玻璃的直接使用范围越来越受到限制，且最终将被淘汰。

6.2.2 节能玻璃

1. 中空玻璃

中空玻璃由两层或多层玻璃间隔成空气间层，气层充入干燥气体或惰性气体，四边用胶接、焊接或熔接工艺加以密封而形成。目前，中空玻璃的空气间层厚度分别为6 mm、9 mm、12 mm、15 mm等。中空玻璃最大的特点是传热系数小，且具有良好的隔热、保温性能，同时具有防结露、隔声和降噪等功能。几种中空玻璃传热系数比较见表6.1。

表6.1 几种中空玻璃传热系数比较

结果及材料	传热系数 $K/[W \cdot (m^2 \cdot K)^{-1}]$	
	冬季夜间条件下	夏季白天条件下
5C+12A+5C	2.84	3.18
5A+12A+5C	2.84	3.29
5SA+12A+5C	2.84	3.34
5S+12A+5C	1.98	2.15
5SA+12A+5S	1.98	2.27

注：表中12A表示中空玻璃间距为12 mm。5C、5A、5SA和5S分别为5 mm厚普通透明玻璃(Clear)、天蓝色玻璃(Azurlite)、天蓝色镀膜隔热玻璃(Solarcool Azurlite)和热反射低辐射镀膜玻璃(Sungatesoo)。

2. 镀膜玻璃

镀膜玻璃是在普通玻璃表面涂镀一层或多层金属、金属氧化物、其他薄膜或者金属的离子渗入玻璃表面或置换其表面层，使之成为无色或有色的薄膜。其中，热反射膜玻璃有较好的光学控制能力，对波长在0.3～0.5 μm 范围内的太阳光有良好的反射和吸收能力，能够明显减少太阳光的辐射热能向室内的传递，保持室内温度的稳定，从而达到节能的效果。如德国肖特公司研制的硼硅酸盐浮法玻璃，配置一片低辐射膜的节能玻璃，具有防火、隔声、降噪和节能等多种功效。

目前，在我国常用的镀膜玻璃为低辐射镀膜玻璃(Low-E)，其是通过磁控真控溅射的方法，在优质浮法玻璃表面均匀地镀上特殊的金属膜系，由此极大地降低了玻璃表面辐射率，并提高了玻璃的光谱选择性，是在玻璃表面镀上多层金属或其他化合物组成的膜系产品。

该种玻璃可使可见光有效地透过膜系和玻璃，保持了室内明亮，而肉眼看不见的红外线80％以上被膜系反射(特别是远红外线几乎完全被其反射回去而不透过玻璃)。

在实际工程中，为提高玻璃的节能效果，现在广泛应用在我国各类民用建筑中的玻璃是低辐射镀膜中空玻璃，其是一种将低辐射塑料薄膜张悬在两片或三片玻璃之间形成的双中空玻璃结构。可以采用单面和双面镀膜的低辐射镀膜玻璃；同时，其构造形式采用双层或三层中空玻璃，以两层玻璃之间的密闭空气层为防止热传导的主要方式。普通中空玻璃提高保温隔热性能的途径是增加隔热层厚度或数量，但这些途径都会大大增加窗体的厚度和重量，进而对建筑的整体设计和成本造成负面影响。使用低辐射镀膜玻璃可以在基本不增加厚度和重量的情况下增加隔热层数量，使原来普通中空玻璃难以达到的隔热保温性能成为可能，如图6.1和图6.2所示。

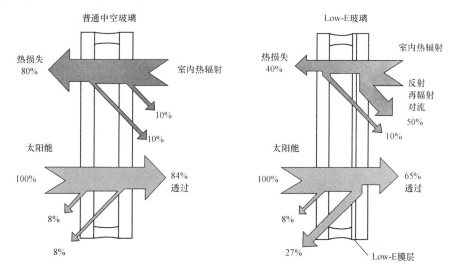

图6.1 普通中空玻璃与Low-E玻璃的比较

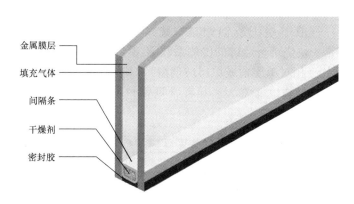

图6.2 低辐射镀膜中空玻璃构造

3. 光致变色玻璃

玻璃受紫外线或日光照射后，在可见光谱(380 nm<λ<780 nm)区产生光吸收而自动变色，光照停止后可自动恢复到初始的透明状态。即夏日太阳直射时，颜色自动变深，起到遮阳的作用；而阳光非直射时，又自动恢复到采光状态。具有这种性质的玻璃称为光致变色玻璃，光致变色玻璃是光敏玻璃的一种，也称可逆光敏玻璃。

4. 吸热玻璃

在平板玻璃成分中，加入微量镍、铁、钴、硒等元素，制成的着色透明玻璃称为吸热玻璃。吸热玻璃具有吸收可见光和红外线的特性，无论是哪一种色调的玻璃，当其厚度$\delta=6$ mm时，均可吸收40%左右的太阳辐射。所以，当太阳直射的情况下，进入室内的辐射热减少了约40%，从而可以减轻空调设备的负荷，达到节能的目的。

目前，除上述四种节能玻璃外，夹层玻璃也有较好的节能效果，特别是真空玻璃，节能效果最佳。几种常见窗玻璃传热系数与单层玻璃的比较见表6.2。

表 6.2　几种常见窗玻璃传热系数与单层玻璃的比较

玻璃种类	玻璃间层厚度 d/mm	传热系数 K/[W·(m²·K)$^{-1}$]	透光率 τ/%
单层玻璃	—	6.4	90
双层中空玻璃	6	3.4	84
	12	3.0	84
三层中空玻璃	12	2.0	72
三层低辐射镀膜中空玻璃	12	1.6	70~80
双层彩色热反射膜中空玻璃	12	1.8	30~60
双层低辐射膜氢气中空玻璃	12	1.3	30~60

6.2.3　窗框材料的热工性能及选择

在窗框设计施工中,传热系数大且气密性差的钢框和铝合金窗框大量使用,增加了外窗的耗能量。根据统计分析,近几年各类建筑窗产品的实际使用率分别为:木窗占 8%,钢窗占 13%,铝合金窗占 38%,塑钢窗占 23%,特种窗占 9%,其他占 9%。其中,钢框和铝合金框使用量占到了一半以上。

根据实测结果,一般单层钢或铝型材框窗的传热系数为 4.7 W/(m²·K)<K≤6.4 W/(m²·K),是一块烧结普通砖的传热系数 K 值的 2~3 倍。即使是节能效果较好的单框双玻璃窗或双层窗(相对单层框或单层玻璃窗),其传热系数也远远大于烧结普通砖墙,故窗型的选择对节能的影响也非常大。几种常见窗户类型传热系数及节能标准的比较见表 6.3。

表 6.3　几种常见窗户类型传热系数及节能标准的比较

窗户类型	玻璃钢窗(高级)	玻璃钢窗(普通)	塑钢(PVC)	木窗	铝型材窗(带断热桥)
传热系数 K/[W·(m²·K)$^{-1}$]	1.323	2.823	4.445	4.466	5.165
《建筑外门窗保温性能分级及检测方法》(GB 8484—2008)等级	I	II	III	IV	V
备注	K≤2	2<K≤3	4<K≤5	4<K≤5	5<K≤6
	Low-E 玻璃	中空玻璃	浮法玻璃		
	5+9+5	3+6+3	δ=5		
	节能等级中,I 级节能效果最好,其余依次下降				

1. 断热铝合金型材

自 20 世纪 90 年代后期断热铝合金门窗引入国内并开始在工程上使用以来,经过近十年的发展,已经逐渐成为建筑用门窗产品的主流,该产品继承了传统非断热铝合金门窗坚固耐用、密封性好、装饰性强的优点,更有传统非断热铝合金门窗所欠缺的保温节能、内外型材表面可做不同颜色、不同处理方式等方面的特点。开启方式也从早期的内外开、推拉等比较单一的开启形式发展到现在的内倾内开、折叠推拉、提升推拉、中悬翻转、推拉上悬等多种具有复合式开启功能的开启形式，如图 6.3 所示。

图 6.3　断桥铝合金窗框

断桥式铝合金窗的原理是利用 PA66 尼龙将室内外两层铝合金既隔开又紧密连接成一个整体，构成一种新的隔热型铝型材。按其连接方式不同，可分为穿条式及注胶式两种。用这种型材做门窗，其隔热性能优越，彻底解决了铝合金传导散热快、不符合节能要求的致命问题，同时，采取一些新的结构配合形式，彻底解决了"铝合金推拉窗密封不严"的老大难问题。该产品两面为铝材，中间用 PA66 尼龙做断热材料。这种创新结构设计，兼顾了尼龙和铝合金两种材料的优势，同时满足装饰效果和门窗强度及耐老性能的多种要求。断桥式铝合金窗具有以下优点：

(1)保温性好：断桥铝型材中的 PA66 尼龙导热系数低。

(2)隔音性好：其结构经精心设计，接缝严密，试验结果，隔声量为 30 dB，符合相关标准。

(3)耐冲击：由于断桥铝型材外表面为铝合金，因此它比塑钢窗型材耐冲击。

(4)气密性好：断桥铝型材窗各缝隙处均装有多道密封胶条，气密性好。

(5)水密性好：门窗设计有防雨水结构，将雨水完全隔绝于室外。

(6)防火性好：铝合金为金属材料，不燃烧。

(7)防盗性好：断桥式铝合金窗配置有优良五金配件及高级装饰锁，使盗贼束手无策。

(8)免维护：断桥式铝合金窗型材不易受酸碱侵蚀，不会变黄褪色，几乎不必保养。

2. 塑料门窗

塑料门窗是近年来国内外发展较快的一类新型建筑门窗，其主体材料聚氯乙烯(PVC)塑料异型材具有良好的绝热性能。和传统的金属门窗相比，塑料门窗有着优良的保温隔热性能。PVC 塑料窗框主要具有以下优点：

(1)PVC 窗材隔热性能好。PVC 窗材的热导率为铝窗材的 $1/125$，钢窗材的 $1/357$。

(2)生产 PVC 窗材能耗低。生产单位质量 PVC 窗材的能耗为铝窗材的 1/8.8、钢窗材的 1/4.5。

(3)密封性能好。由 PVC 窗材制成的门窗可采取全周边密封、双级密封甚至多级密封结构，大大降低空气渗透量，减少了由于空气渗透造成的热量损失，同时提高了隔声效果。另外，PVC 塑料还广泛用于钢塑、木塑等复合材料门窗的制造。

在各种窗框材料中，玻璃纤维增强塑料(FRP)，即玻璃钢材料具有非常好的节能效果。该材料密度为 $\rho = 1.9$ kg/m^3，约为铝材的 2/3，仅为钢的 1/5～1/4；抗拉强度为 420 MPa，接近于普通碳钢，弯曲强度为 380 MPa；分别是塑料的 8 倍和 4 倍，是铝的 2～3 倍。用于外窗框时具有质轻耐腐蚀、寿命长和机械强度高的特点。玻璃钢窗框与其他窗框性能的比较见表 6.4。

表 6.4　玻璃钢窗框与其他窗框性能的比较

技术参数	密度/(t·m^{-3})	热膨胀系数/10^{-8}	导热系数/[W·(m·K)$^{-1}$]	热伸系数/MPa	强度/MPa	抗腐蚀	耐老化	使用寿命/a
玻璃钢	1.9	7.0	0.3	420.0	221.0	A	B	50
塑料	1.4	65.0	0.3	50.0	35.0	B	D	20
铝合金	2.9	21.0	203.5	150.0	53.0	C	C	25
钢	7.85	11.0	46.5	421.0	53.0	D	A	15

注：1. 使用寿命为正常使用条件下的时间；
　　2. 性能中 A 最好，其余依次下降。

3. 新型节能窗

(1)抽真空玻璃。即将带有 Low-E 镀层的中空玻璃内的空气抽出，使中空玻璃空气间层内的空气减少，大大削减了间层内的对流与传导，从而提高中空玻璃的保温性能。由于空气间层内的气压低(1.01×10～8 MPa)、间层很窄(0.5～5 mm)，抽真空操作中需要解决以下技术问题：必须能抵抗间层内外巨大的气压差；避免玻璃破碎产生的安全隐患；做好抽真空玻璃的密封；使玻璃隔开的间隔条的热桥作用尽量减小等。

(2)透明保温材料。即在双层玻璃中间填充透明保温材料，降低通过玻璃层传热的方法。有一种硅气凝胶(Silica aerogel)材料，在其硅粒子中包含有很多微孔材料，它比可见光的波长小很多。在气凝胶中，约占体积 95% 的空气存于比空气平均自由路径小的细孔中。气凝胶在一定的真空度下是一种很好的保温材料。由于气凝胶具有足够的抗压强度，能平衡外界气压，抽真空的气凝胶窗就可以作为透明的分隔条使用。又由于抽真空的气凝胶对于多数红外辐射是不透明的，通过气凝胶窗的纯辐射热损失很少。当前气凝胶研究着重于开发透明度高、耐久性好、块体大、造价低的保温产品。

(3)可调节的玻璃。由于太阳的辐射随着气候、季节和时间而异，控制太阳辐射热的有效办法是采用遮阳系统。另外，从玻璃本身入手，使玻璃的光学性能可以调节，可以随着不同时间太阳性质的不同而变化，这是一种先进合理的方法。现在已经研制出多种不同类型的可变色玻璃，其性能各不相同。

6.3 建筑门窗节能设计

1. 建筑门窗节能技术的采用

建筑外窗耗热量及与其他结构耗热量的比较见表 6.5，可见外窗耗热量在建筑各个结构耗热量所占比例最大。

表 6.5　建筑外窗耗热量及与其他结构耗热量的比较

结构名称	耗热量/(W·m²)	占总耗热量的比率/%
外窗	32 573	34.4
外墙	25 151	26.6
门窗空气渗透	15 805	16.7
楼梯间内隔墙	8 205	8.7
外门	6 026	6.4
屋面	4 347	4.6
地面	2 521	2.6

2. 门窗开启方式的选择

在北方地区，建筑要注意冬季的保温设计。建筑入口应设计门斗与门扇，外廊与楼梯间要少设窗扇，以减少冷空气对建筑物的渗透而达到保温节能。推拉窗在开启过程中窗扇上下形成明显的对流交换，热冷空气的对流形成较大的热损失，节能效果不理想。平开窗、固定窗的密闭性好，节能效果好。对大面积的窗户应以固定扇为主，适当考虑开启扇。

德国是世界上建筑节能做得最好的国家，窗户的开启形式多为内开下悬窗，关窗后的气密、水密、隔声、清洁门窗等效果都很好，而很少采用推拉窗。美国主要采用上下提拉窗，另外，还有平开窗、推拉窗等窗型。英国则以外平开窗为主，约占 80%，其他为内开下悬窗和美式上下提拉窗。

3. 门窗密封条的使用

门窗的缝隙是建筑节能的薄弱环节，通过门窗缝隙的空气渗透耗热量占建筑物围护结构的 20%～25%，因此，加设密封条是改善门窗节能的重要途径。聚氨酯泡沫填缝剂，具有良好的粘结力和优异的弹性，可自行发泡并可随时使用泡沫填充材料，现已广泛使用。

聚氨酯发泡密封胶系列产品，品种规格较多，现常用于塑钢门窗的为单组分聚氨酯发泡密封胶。当把发泡密封胶喷注到缝隙或孔洞中时，其体积迅速膨胀，在所产生的膨胀压力作用下，迅速扩散到裂缝深处和材质之间的孔隙中，与空气中的水分作用，交联固化，最终使发泡密封胶与材质之间形成极强的结合。发泡密封胶不仅具有密封连接作用，而且具有防水、绝缘、隔热和消声作用。

4. 门窗缝隙处理

门窗的隔热系统结构包括单个成品门窗和门窗与墙体的结构处理两部分。保证门窗的隔热性能，除合理选择型材、玻璃外，还要保证窗户的缝隙密闭性能好，才能达到设计要求。缝隙的构造设计及施工过程的技术要求应体现在图纸上，并要求严格按图纸施工。结构洞口与窗框间隙太小，则缝隙深处不易填实，缝隙处热损失大；缝隙过大，将容易龟裂，并引起更多的热穿透。合理的缝隙宽度为：当外墙抹灰时，应为 15～20 mm；当外墙贴面砖时，应为 20～25 mm；当外墙贴大理石或花岗岩板时，应为 20～25 mm。在结构洞口与窗框间隙间用水泥砂浆填实抹平，待水泥砂浆硬化后，在内外两侧用密封性能好的材料进行密封处理。

第7章　建筑给水排水节能技术

7.1　建筑给水排水系统节能途径与设计

我国经济高速发展的同时，造成了对环境的破坏，各个城市不同程度地存在着环境污染的问题。随着人们的环保与节能意识的逐渐增强，在城市建筑设计中，建筑给水排水工程中的节水节能问题日益受到业内人士的重视。如何在建筑设计过程中实现合理用能和达到节能设计标准要求，也是衡量设计人员优秀与否的重要方面。因此，对于新建建筑工程，设计人员及有关管理部门应在前期设计过程中做到统筹考虑、全面规划，在强调供水安全可靠性的同时，避免不必要的水电浪费，同时，做好既有建筑给水系统的挖潜改造工作，降低资源消耗、减少污染，实现最大程度的节水节能，最终实现与自然的和谐统一。

建筑给水排水节能设计主要包括对建筑内各种水资源的有效利用，即将给水（冷水、热水）、消防用水、污（废）水、雨水等系统进行统筹规划，以达到低耗、节水、减排的效果。目前，我国对建筑给水排水综合利用的建设方面已处于发展阶段，目前研究应用的主要是单项的节水途径和设计，如选用节水器具、推行水卡以控制用水量增长，施行定额用水和阶梯水价、推广雨水利用等中水回用技术。

7.1.1　建筑给水系统的节能设计

建筑给水系统存在的常见问题主要是：管网压力过高或过低、水压水量分配不均衡，导致管网工作压力浪费或管网漏损严重，造成供水安全保障程度低，直接后果就是不能从系统上节水节能。建筑给水系统的节能包括对现有建筑给水系统的改造和对新建建筑设计阶段给水方式的优选，充分挖掘其中节水节能的巨大潜力。根据我国目前建筑供水、用水的特点，给水排水节能设计的要点主要集中在三个方面：一是合理利用市政给水管网余压，采用分区给水方式，并采用节能效果突出的供水设备；二是采用节水节能型的卫生器具，节水型的卫生器具能够有效地减少水的消耗量，而且对降低供水能耗也有着重要的意义；三是采用节水节能设备，降低能耗，减少能源浪费。

1. 合理利用市政管网余压

城市市政给水管网压力普遍为 0.2～0.4 MPa，5 层以内的建筑的供水压力一般是能够满足的。但随着经济的快速发展，土地资源越来越紧张，为了提高土地的利用率，城市出现了越来越多的多于 5 层的小高层、高层、超高层建筑，这些建筑如果整幢建筑采用同一给水系统供水，则垂直方向管线过长，下层管道中的静水压力很大，会产生系统超压。在

《建筑给水排水设计规范(2009年版)》(GB 50015—2003)中规定了卫生器具的额定流量,该额定流量是为了满足使用要求,在一定流出水头作用下的给水流量。当给水配件前压力大于流出水头时,给水配件单位时间的出流量大于额定流量的现象称为超压出流。此现象引起的超出额定流量的出流量称为超压出流量。超压出流量未产生正常的使用效益,而是在人们的使用过程中流失,造成的浪费不易被人察觉,因此被称为"隐形"水量浪费。另外,发生超压时,由于水压过大,易产生噪声、水击及管道振动,缩短给水管道及管件的使用寿命,水压过大在龙头开启时会形成射流喷溅,影响用户的正常使用。《建筑给水排水设计规范(2009年版)》(GB 50015—2003)规定,各给水分区最低处卫生器具配水装置处的静水压力应小于0.30~0.35 MPa(住宅)、0.35~0.45 MPa(办公)。在有条件的情况下,可适当降低分区压力,或采用入户设减压阀等方式,控制各卫生器具配水装置处的静水压等。防止超压出流的有效措施是采用分区供水方式,分区供水方式可以充分利用市政给水管网压力,有效地减少二次加压的能量消耗,如图7.1所示。

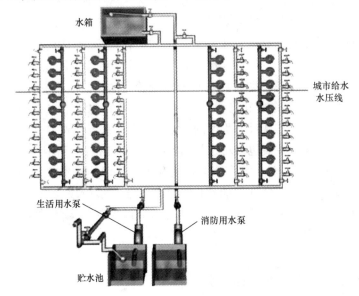

图 7.1　分区供水方式示意

2. 采用节水型管材和节水型器具

给水排水节能设计需要考虑很多因素,如镀锌钢管容易生锈影响水质,经过一段时间闲置后,再次使用时会有锈水流出,若流入干净的水中,可能导致整个容器里水的水质不合格,造成水资源的浪费,所以,在水的输送过程中,要采取一定的措施进行节水节能,如采用优质管材和优质阀门;另外,接头处也易发生锈蚀,时间久了会不同程度地出现漏水、渗水现象,而采用新型管材如 PE 管、PP-R 管、PVC-U 管、不锈钢钢管、铝塑复合管、钢塑复合管等(图7.2),能很大程度地防止漏水、渗水。

卫生器具及配水附件的选用对节水来说也至关重要。卫生器具及配水附件位于供水系统的最终端,它的节水性能对给水排水系统整体节能效果起着举足轻重的作用,因此,选用节水节能型卫生器具及配水附件就显得十分必要。据资料显示,在普通住宅内采用 6 L 左右的小容量水箱可以比 9 L 容量水箱节水 12%,在办公楼内使用效果更佳,可节水近 1/3。对于生活淋浴、盥洗等用水器具的节水,则主要从改善给水配件的性能来实现,如采

图 7.2 新型管材

(a)PE 管；(b)PP-R 管；(c)PVC-U 管；(d)不锈钢钢管；(e)铝塑复合管；(f)钢塑复合管

用脚踏开关淋浴器、充气水龙头、节水延时自闭阀等，该类配件均能在不同程度上起到节水节能的功效，并且节能效果和建筑高度成正比，即建筑物越高，其节能效果越明显。公共卫生建筑内，传统的定时冲洗对水的浪费极大，目前较为先进的光电数控控制或红外线作用的器具效果非常突出，值得推广。对水的节约可以减少输送水过程中的能源消耗，从而达到节能的目的。

3. 采用无负压变频供水设备

常规二次供水方式的主要设备是水池、高位水箱、加压泵等，但常规二次供水一直都没能解决二次污染的问题，而且能源消耗相比其他方式也偏大，在新型建筑给水排水设计中常规二次供水方式已经不是最佳方案，而采用环保性更好、能源消耗更少的无负压变频供水设备成为首选，如图 7.3 所示。

图 7.3　无负压变频供水设备

采用无负压变频供水设备的原因主要有以下几个方面：

(1)传统二次供水方式首先加压将水输送到水池，然后二次加压进行供水，结果造成了能源的浪费。而采用无负压变频供水设备进行二次供水，设备的水泵跟市政管网是直接连接的，可以有效地利用原有市政管网压力供水，节能效果突出。

(2)传统二次供水方式的水池、水箱均为混凝土结构，抗渗防漏性能一般，不可避免地存在着跑冒滴漏现象，日积月累其所造成的浪费非常严重。另外，为了防止水的污染，还需要定期地清理水池、水箱。无负压变频供水设备供水方式基本不会出现上述情况。

(3)可降低成本，减少造价。采用无负压变频供水设备不需要常规二次供水方式中的水池和水箱。

(4)可很大程度地减少对环境的污染。常规二次供水方式需要将水输送到水池、水箱，而水在水池水箱的存放过程中，可能会有大量的致病微生物生长，导致水的污染。无负压变频供水设备供水时，不需要储存水，减少了污染。

7.1.2　建筑热水系统的节能设计

1. 太阳能资源利用

(1)太阳能热水系统简介。我国大部分地区位于北纬40度以北，日照充足，太阳能资源比较丰富，随着太阳能技术的逐渐成熟，其技术成本也在逐渐下降，应用范围越来越广。目前，太阳能热水系统已在宾馆、酒店、医院、游泳馆、公共浴池、商品住宅、体育类建筑、高档的办公类、展馆类等建筑中大量应用。利用太阳能制备生活热水，减少了大量传统能源的消耗及对环境的污染。目前，太阳能热水器按集热器形式分为平板型集热器、全玻璃真空管集热器、玻璃-金属真空管集热器三类。这三类集热器都具有集热效率高、保温性能好、操作简单、维修方便等优点，且热水系统可安装在屋顶、墙壁及阳台等位置，如图7.4所示，十分便于建筑设计。太阳能热水系统由集热器、储水箱、循环管等组成，如图7.5所示。

图7.4　太阳能热水器安装位置示意

太阳能热水系统主要有以下几种：

1)自然循环系统。自然循环系统是仅利用传热工质内部的温度梯度产生的密度差进行循环的太阳能热水系统。在自然循环系统中，为了保证必要的热虹吸压头，储水箱的下循环管应高于集热器的上循环管。这种系统结构简单，不需要附加动力，如图7.6所示。

2)强制循环系统。强制循环系统是利用机械设备等外部动力迫使传热工质通过集热器(或换热器)进行循环的太阳能热水系统。强制循环系统通常采用温差控制、光电控制及定时器控制等方式，如图7.7所示。

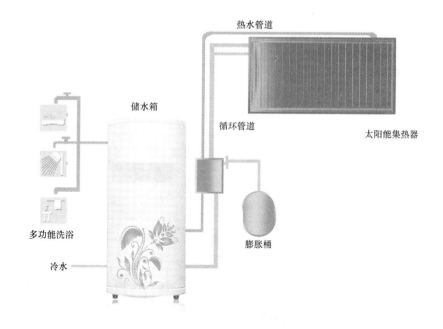

图 7.5 太阳能热水系统组成示意

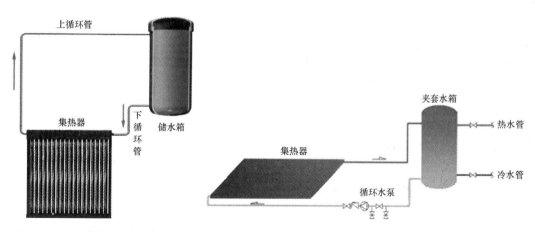

图 7.6 太阳能热水自然循环系统　　　　图 7.7 太阳能热水强制循环系统

3)直流式系统。直流式系统是传热工质一次流过集热器加热后，进入储水箱或用热水处的非循环太阳能热水系统。直流式系统一般可采用非电控温控阀或温控器控制方式。直流式系统通常也可称为定温放水系统，如图 7.8 所示。

4)带辅助能源的太阳能热水系统。为保证民用建筑的太阳能热水系统可以全天候运行，通常将太阳能热水系统与使用辅助能源的加热设备联合使用，构成带辅助能源的太阳能热水系统。辅助能源为电力、热力网、燃气等，辅助能源设计按现行设计规范进行，如图 7.9 所示。

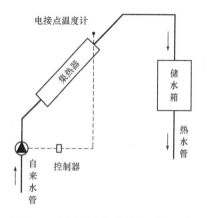

图 7.8 太阳能直流式热水系统示意

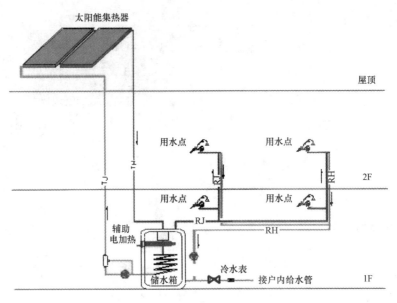

图 7.9　带辅助能源的太阳能热水系统示意

（2）太阳能热水供应系统的设计。太阳能热水供应系统的设计应符合《建筑给水排水设计规范（2009 年版）》（GB 50015—2003）的规定：

1）太阳能集热器应符合下列要求：

①太阳能集热器的设置应和建筑专业统一规划协调，并在满足水加热系统要求的同时不得影响结构安全和建筑美观；

②集热器的安装方位、朝向、倾角和间距等应符合现行国家标准《民用建筑太阳能热水系统应用技术规范》（GB 50364—2005）的要求；

③集热器总面积应根据日用水量、当地年平均日太阳辐射量和集热器集热效率等因素来确定。

2）强制循环的太阳能集热系统应设循环泵，循环泵的流量扬程计算应符合规范计算公式要求。

3）太阳能热水供应系统应设辅助热源及其加热设施。其设计计算应符合下列要求：

①辅助能源宜因地制宜地选择城市热力管网、燃气、燃油、电、热泵等；

②辅助热源的供热量应按《建筑给水排水设计规范（2009 年版）》第 5.3.3 条设计计算；

③辅助热源及其水加热设施应结合热源条件、系统形式及太阳能供热的不稳定状态等因素，经技术经济比较后合理选择、配置；

④辅助热源加热设备应根据热源种类及其供水水质、冷热水系统形式等选用直接加热或间接加热设备；

⑤辅助热源的控制应在保证充分利用太阳能集热量的条件下，根据不同的热水供水方式采用手动控制、全日自动控制或定时自动控制。

4）大型太阳能热水系统集热面积一般不超过 500 m²，试验性工程主要是一些宾馆、办公建筑。近年来，在商品住宅楼工程中，也有集中型太阳能热水系统的尝试。大型太阳能热水系统工程设计应综合考虑各种技术经济因素，如游泳池供水可优先采用连续强制循环系统，而宾馆客房用水可优先采用间歇式强制循环系统；南方地区可优先考虑玻璃真空管集热器，严寒地区优先采用真空管热管集热器。

2. 热泵热水器的利用

（1）热泵热水器。热泵技术是近年来在全世界备受关注的新能源技术。人们所熟悉的"泵"是一种可以提高介质（流体）位能或势能的机械装置，如水泵主要是提高水位或增加水压。如油泵、气泵、水泵、混凝土泵都是输送流体至更高压力或更高位置的机械装置。而"热泵"，顾名思义，它是输送"热量"的泵，是一种能从自然界的空气、土壤或水中获取低品位热能，经过电力做功，提供可被人们所用的高品位热能的装置。热泵的种类有空气源热泵、地源热泵、水源热泵等。

热泵热水器就是利用逆卡诺原理，通过介质，将热量从低温物体传递到高温的水里的设备。热泵装置可以使介质（冷媒）相变，变成比低温热源更低，从而自发吸收低温热源热量；回到压缩机后的介质，又被压缩成高温（比高温的水还高）高压气体，从而自发放热到高温热源，实现从将低温热源"搬运"热量到高温热源，突破能量转换 100% 瓶颈，如图 7.10 和图 7.11 所示。

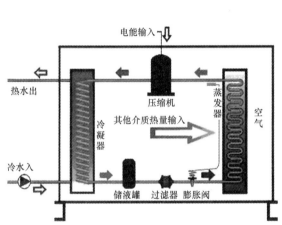

图 7.10　空气源热泵热水器工作原理图

图 7.11　地源热泵示意

通常，将大型热泵热水供应系统称为中央热泵热水系统；将户用型热泵热水装置称为热泵热水器。热泵热水器在欧美高能耗国家已很普及，在南非的热水器市场已经占有 16% 的份额；在国内，家用压缩式热泵热水器目前已经有市场产品报道，热泵技术作为大型热水供应系统的研究有待深化和完善。

从技术角度而言，空气源热泵热水技术只适合 5 ℃以上的气候条件，受压缩机性能和系统效率的限制，采用常规工质提供 55 ℃以上的热水有一定困难，国内的实验研究表明，在大部分气候条件下出水温度一般不超过 50 ℃，这也是推广受到限制的原因之一。可以考虑辅助热源或串级热泵的形式，将水温进一步提升到 40 ℃～60 ℃，满足生活用水的温度要求。一种高温地源热泵已投入运行，最高输出温度达到了 75 ℃，该系统除提供冬季供暖、夏季制冷外，全年可提供 60 ℃的热水。该技术比电供暖省电 70%，比天然气供暖节省运行费 50%，夏季比普通中央空调节电 20% 以上，供热水比常规方法节能 80% 以上。

（2）太阳能热泵热水器。国外对太阳能辅助热泵热水器的研究开展得比较早，近年国内也有研究。太阳能热泵热水器是将用于空调器的热泵工作原理转化为太阳能热水器辅助加热装置。将太阳能热水器与空气能热泵有机结合，在立式或卧式水箱内安装热交换装置且与热管管路连通(或将热泵冷凝器串联在水箱进出水管路之中，并与管路水箱形成循环回路)，当自动控制装置检测到水箱内的水温达不到设定值时，热泵开始工作，冷凝器产生高温与水箱内(或循环管路中)的水进行热交换，最后达到并保时水温稳定在设定值。热泵的工作原理是把环境空气中的能量加以吸收，通过压缩机的驱动消耗部分高品位电能，将吸收的能量通过媒体循环系统在冷凝器中进行释放，加热蓄水箱中的水，释能后的媒体在气态状况下进入蒸发器再次吸热。太阳能热泵热水器解决了传统带电辅助加热的太阳能热水器耗电大的缺点。太阳能热水器用空气源热泵作为辅助加热，起到了取长补短的效果，最大程度地降低了对高品位能源的利用，如图 7.12 和图 7.13 所示。

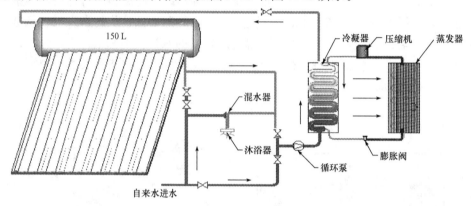

图 7.12　太阳能热泵热水器

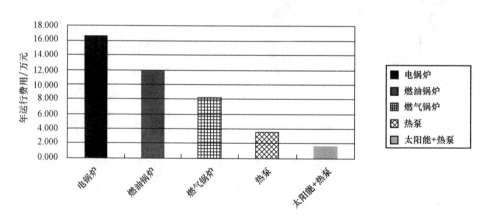

图 7.13　几种设备的年运行费用比较图

7.1.3　建筑污水系统的节能设计

在进行污水管线规划和管线综合规划时，就应确定是否采用污水回用。如果采用污水回用方案，首先应确定原水收集范围、收集管网是否需要单独设置、是否需要二次提升、绘制水量平衡图、选择水处理工艺、制订用水和排水的安全保障措施等，尤其重要的是进行市场调研，给出技术经济分析。建筑污水系统的节能设计要参照现行国家标准《城镇污水再生利用工程设计规范》(GB 50335—2016)和《建筑中水设计规范》(GB 50336—2002)来进行设计。

（1）污水再生利用工程方案设计应包括：确定再生水水源；确定再生水用户、工程规模和水质要求；确定再生水厂的厂址、处理工艺方案和输送再生水的管线布置；确定用户配套设施；进行相应的工程估算，投资效益分析和风险评价等。

（2）排入城市排水系统的城市污水，可作为再生水水源。严禁将放射性废水作为再生水水源。

1）再生水水源的设计水质，应根据污水收集区域现有水质和预期水质变化情况综合确定。再生水水源水质应符合现行《室外排水设计规范（2016年版）》（GB 50014—2006）和《污水综合排放标准》（GB 8978）的要求。当再生水厂水源为二级处理出水时，可参照二级处理厂出水标准，确定设计水质。

2）再生水用户的确定可分为三个阶段：调查阶段：收集可供再生利用的水量及可能使用再生水的全部潜在用户的资料；筛选阶段：按潜在用户的用水量大小、水质要求和经济条件等因素筛选出若干候选用户；确定用户阶段：细化每个候选用户的输水线路和蓄水量等方面的要求，根据技术经济分析，确定用户。

3）污水再生利用工程方案中需提出再生水用户备用水源方案。

4）根据各用户的水量、水质要求和具体位置分布情况，确定再生水厂的规模、布局，再生水厂的选址、数量和处理深度，再生水输水管线的布置等。再生水厂宜靠近再生水水源收集区和再生水用户集中地区。再生水厂可设在城市污水处理厂内或厂外，也可设在工业区内或某一特定用户内。

5）对回用工程各种方案应进行技术经济比选，确定最佳方案。技术经济比选应符合技术先进可靠、经济合理、因地制宜的原则，保证总体的社会效益、经济效益和环境效益。

7.1.4 建筑中水系统的节能设计

中水是指建筑物或建筑小区内的生活污废水（包括沐浴排水、盥洗排水、洗衣排水、厨房排水、冷却排水等杂排水，不含厨房排水的杂排水称为优质杂排水）、雨水等各种排水经过适当处理后达到规定的水质标准，回用于建筑物或建筑小区内，作为杂用水水源。可以说，中水是第二水源，中水水质介于自来水和生活污水之间。建筑中水系统设计要参照现行国家标准《建筑中水设计规范》（GB 50336—2002）进行设计。

1. 建筑中水水源

（1）建筑中水水源可取自建筑的生活排水和其他可以利用的水源。

（2）中水水源应根据排水的水质、水量、排水状况和中水回用的水质、水量选定。

（3）建筑中水水源可选择的项目和选取顺序为：卫生间、公共室的浴盆、淋浴等的排水；盥洗排水；空调循环冷却系统排污水；冷凝冷却水；游泳池排水；洗衣排水；厨房排水；厕所排水。

（4）用作中水水源的水量宜为中水回用量的110%～115%。

（5）综合医院污水作为中水水源时，必须经过消毒处理，产出的中水仅可用于独立的不与人直接接触的系统。

（6）传染病医院、结核病医院污水和放射性污水不得作为中水水源。

（7）建筑屋面雨水可作为中水水源或水源的补充。

2. 建筑小区中水水源

(1)建筑小区中水水源的选择要依据水量平衡和经济技术比较确定，并应优先选择水量充裕稳定、污染物浓度低，水质处理难度小、安全且居民易接受的中水水源。

(2)建筑小区中水可选择的水源有：建筑小区内建筑物杂排水；小区或城市污水处理厂出水；相对洁净的工业排水；小区内的雨水；小区生活污水。

(3)当城市污水处理厂出水达到中水水质标准时，建筑小区可直接连接中水管道使用；当城市污水处理厂出水未达到中水水质标准时，可作中水原水进一步地处理，达到中水水质标准后方可使用。

3. 中水处理工程设计总则

(1)各种污水、废水资源，应该根据当地的水资源情况和经济发展水平充分利用。

(2)缺水城市和缺水地区，在进行各类建筑物和建筑小区建设时，其总体规划设计应包括污水、废水、雨水资源的综合利用和中水设施建设的内容。

(3)缺水城市和缺水地区适合建设中水设施的工程项目，应按照当地有关规定配套建设中水设施。中水设施必须与主体工程同时设计，同时施工，同时使用。

(4)中水工程设计，应根据可用原水的水质、水量和中水用途，进行水量平衡和技术经济分析，合理确定中水水源、系统形式、处理工艺和规模。

(5)中水工程设计应由主体工程设计单位负责。中水工程的设计进度应与主体工程设计进度相一致，各阶段的设计深度应符合国家有关建筑工程设计文件编制深度的规定。

(6)中水工程设计质量应符合国家关于民用建筑工程设计文件质量特性和质量评定实施细则的要求。

(7)中水设施设计合理使用年限应与主体建筑设计标准相符合。

(8)建筑中水工程设计必须确保使用、维修安全，严禁中水进入生活饮用水给水系统。

4. 中水处理工程常用工艺

中水处理设施由原水收集、储存、处理及供给等设施构成，中水系统是目前现代化住宅功能配套设施之一，资料显示，采用建筑中水后居住小区用水量可节约30%～40%，废水排放量可减少35%～50%。在以上几种中水水源内，盥洗废水水量最大，其使用时间较均匀、水质较好且较稳定等，因此其应作为建筑中水首选水源，但目前建筑中水技术具有运行效果稳定性差且造价较高等缺点，因此，在设计过程中应综合技术、管理、投资等多方面因素来选择新的优良处理工艺。

根据中水水源的不同，常用的中水处理处理工艺有以下几种：

(1)物化处理工艺(以优质杂排水或杂排水为水源)，如图7.14所示。

图7.14 物化处理工艺

(2)物化与生化相结合处理工艺(以优质杂排水或杂排水为水源)，如图7.15所示

(3)预处理与膜分离相结合的处理工艺(以优质杂排水或杂排水为水源)，如图7.16所示。

图 7.15 物化与生化相结合处理工艺

原水 —— 格栅 —— 调节池 —— 微絮凝过滤 —— 精密过滤 —— 膜分离 —— 消毒 中水

图 7.16 预处理与膜分离相结合的处理工艺

以下是两种以生活污水为水源的中水处理工艺流程图，如图 7.17 和图 7.18 所示。

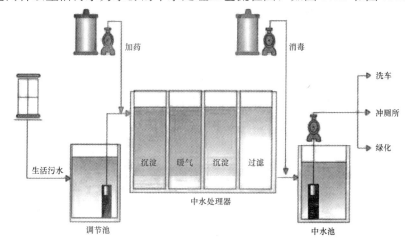

图 7.17 以生活污水为水源的中水处理工艺流程图一

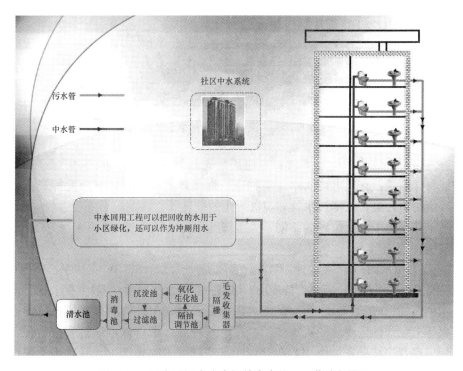

图 7.18 以生活污水为水源的中水处理工艺流程图二

（4）人工湿地处理技术。人工湿地是由人工建造和控制运行的与沼泽地类似的地面，将污水、污泥有控制地投配到经人工建造的湿地上，污水与污泥在沿一定方向流动的过程中，主要利用土壤、人工介质、植物、微生物的物理、化学、生物三重协同作用，对污水、污泥进行处理的一种技术。其作用机理包括吸附、滞留、过滤、氧化还原、沉淀、微生物分解、转化、植物遮蔽、残留物积累、蒸腾水分和养分吸收及各类动物的作用。

人工湿地污水处理工艺的设计和建造是通过对湿地自然生态系统中的物理、化学和生物作用的优化组合来进行废水处理的。它一般由底部的防渗层、水体层和湿地植物（主要是挺水植物）等结构单元构成。它能高效地去除有机污染物和氮、磷等营养物、重金属、盐类和病原微生物等多种污染物。人工湿地处理系统具有缓冲容量大、处理效果好、工艺简单、投资省、运行费用低等特点，非常适合中、小城镇的污水处理，如图 7.19 和图 7.20 所示。

图 7.19　人工湿地表面布水系统

图 7.20　人工湿地构造剖面示意

人工湿地是一个综合的生态系统，它应用生态系统中物种共生、物质循环再生原理，结构与功能协调原则，在促进废水中污染物质良性循环的前提下，充分发挥资源的生产潜力，防止环境的再污染，获得污水处理与资源化的最佳效益。

根据污水在湿地中水面位置的不同，人工湿地可分为表面流（自由水面）人工湿地和潜流型人工湿地。

1）表面流（自由水面）人工湿地处理系统。表面流人工湿地（SFCW）类似于自然湿地，在表面流湿地系统中，四周筑有一定高度的围墙，维持一定的水层厚度（一般为 10～30 cm），湿地中种植挺水型植物（如芦苇等）。污水从湿地床表面流过，污染物的去除依靠植物根茎的拦截作用及根茎上生成的生物膜的降解作用。虽然这种湿地造价低，运行管理方便，但是不能充分利用填料及植物根系的作用，在处理废水的过程中容易产生异味、滋生蚊蝇，在实际应用中一般不采用，如图 7.21 所示。

图 7.21　表面流人工湿地剖面示意

2)潜流人工湿地处理系统。潜流人工湿地(SSFCW)系统中，污水在湿地床中流过，因而能充分利用湿地中的填料，并且卫生条件好于表面流人工湿地。根据污水在湿地中水流方向的不同，可分为垂直流潜流式人工湿地、水平流潜流式人工湿地。

在垂直流潜流式人工湿地系统中，污水由表面纵向流至床底，在纵向流的过程中污水依次经过不同的专利介质层，达到净化的目的。垂直流潜流式湿地具有完整的布水系统和集水系统，其优点是占地面积较其他形式湿地小，处理效率高，整个系统可以完全建在地下，地上可以建成绿地和配合景观规划使用。

水平流潜流式人工湿地系统是潜流式湿地的另一种形式，污水由进水口一端沿水平方向流动的过程中依次通过砂石、介质、植物根系，流向出水口一端，以达到净化目的。

人工湿地与传统污水处理厂相比具有投资少、运行成本低等明显优势，在农村地区，由于人口密度相对较小，人工湿地同传统污水处理厂相比，一般可节省 1/3～1/2 的投资。在处理过程中，人工湿地基本上采用重力自流的方式，处理过程中基本无能耗，运行费用低，污水处理厂处理每吨废水的价格在 1.0 元左右，而人工湿地平均不到 0.2 元。

7.1.5　建筑雨水系统的节能设计及"海绵城市"建设

"海绵城市"，即比喻城市像海绵一样，在适应环境变化和应对自然灾害等方面具有良好的"弹性"。下雨时吸水、蓄水、渗水、净水，需要时将蓄存的水"释放"并加以利用，从而让水在城市中的迁移活动更加"自然"。

"海绵城市"建设的重点是构建"低影响开发雨水系统"，强调通过源头分散的小型控制设施，维持和保护场地自然水文功能，有效缓解城市不透水面积增加造成的洪峰流量增加、径流系数增大、面源污染负荷加重等城市问题。"海绵体"既包括河、湖、池塘等水系，也包括绿地、花园、可渗透路面这样的城市配套设施。"海绵城市"让城市像海绵一样"呼吸"，更具生态魅力，如图 7.22 和图 7.23 所示。

城市在城镇化建设中使用大量硬质铺装，将会使屋面、路面等设施下垫面硬化，破坏原有自然"海绵体"，在汛期会出现内涝灾害频发、交通瘫痪，严重影响百姓出行和日常生活，同时，也会引起水生态恶化和水环境污染等一系列问题。

1. 海绵城市基本内涵

(1)对城市原有生态系统的保护。最大限度保护原有河湖水系和生态体系，维持城市开发前的自然水文特征。

(2)对被破坏生态恢复和修复。对传统粗放建设破坏的生态给予恢复，保持一定比例的生态空间，促进城市生态多样性提升，推广河长制治理水污染。

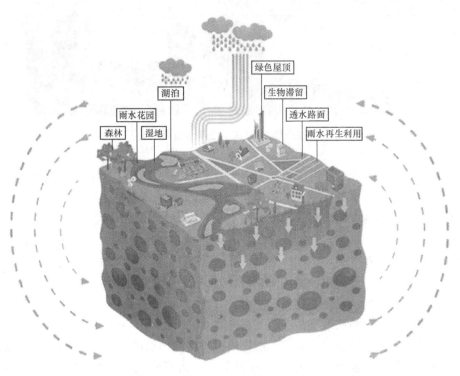

森林　雨水花园　湿地　湖泊　绿色屋顶　生物滞留　透水路面　雨水再生利用

海绵城市是指城市能够像海绵一样，在适应环境变化和应对自然灾害等方面具有良好的"弹性"，下雨时吸水、蓄水、渗水、净水，需要时将蓄存的水"释放"并加以利用。

图 7.22　海绵城市示意图

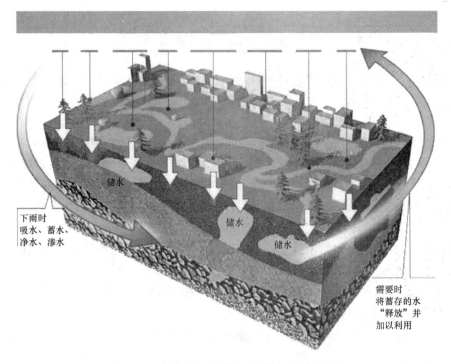

储水　储水　储水

下雨时吸水、蓄水、净水、渗水

需要时将蓄存的水"释放"并加以利用

图 7.23　海绵城市水的循环收集与释放示意图

(3)推行低影响开发。合理控制开发强度，减少对城市原有水生态环境的破坏，保留足够生态用地，增加水域面积，促进雨水积存计划。

(4)通过减少径流量，减少暴雨对城市运行的影响。海绵城市与传统城市的比较如图7.24所示。

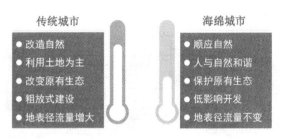

图7.24　海绵城市与传统城市的比较

2. 海绵城市设计举例

海绵城市设计一：建筑与小区

(1)建筑屋面和小区路面径流雨水应通过有组织的汇流与转输，经截污等预处理后引入绿地内的以雨水渗透、储存、调节等为主要功能的低影响开发设施。

(2)因空间限制等原因不能满足控制目标的建筑与小区，径流雨水还可通过城市雨水管渠系统引入城市绿地与广场内的低影响开发设施。

(3)低影响开发设施的选择应因地制宜、经济有效、方便易行，如结合小区绿地和景观水体优先设计生物滞留设施、渗井、湿塘和雨水湿地等。

建筑与小区低影响开发雨水系统典型流程如图7.25所示。

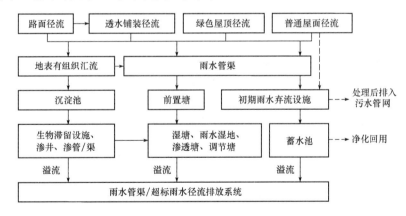

图7.25　建筑与小区低影响开发雨水系统典型流程

海绵城市设计二：城市道路

(1)城市道路径流雨水应通过有组织的汇流与转输，经截污等预处理后引入道路红线内、外绿地内，并通过设置在绿地内的以雨水为主要功能的低影响开发设施进行处理。

(2)低影响开发设施的选择应因地制宜、经济有效、方便易行，如结合道路绿化带和道路红线外绿地优先设计下沉式绿地、生物滞留带、雨水湿地等。

城市道路影响开发雨水系统典型流程如图7.26所示。

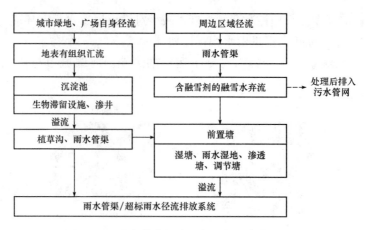

图 7.26　城市道路影响开发雨水系统典型流程

海绵城市设计三：绿地与广场

（1）城市绿地、广场及周边区域径流雨水应通过有组织的汇流与转输，经截污等预处理后引入绿地内的以雨水渗透、储存、调节等为主要功能的低影响开发设施，消纳自身及周边区域径流雨水，并衔接区域内的雨水管渠系统和超标雨水径流排放系统，提高区域内涝防治能力。

（2）低影响开发设施的选择应因地制宜、经济有效、方便易行，如湿地公园和有景观水体的城市绿地与广场宜设计雨水湿地、湿塘等。

城市绿地与广场影响开发雨水系统典型流程如图 7.27 所示。

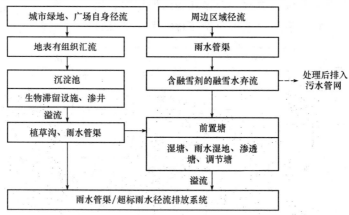

图 7.27　城市绿地与广场影响开发雨水系统典型流程

海绵城市设计四：城市水系

（1）城市水系在城市排水、防涝、防洪及改善城市生态环境中发挥着重要作用，是城市水循环过程中的重要环节，湿塘、雨水湿地等低影响开发末端调蓄设施也是城市水系的重要组成部分，同时，城市水系也是超标雨水径流排放系统的重要组成部分。

（2）城市水系设计应根据其功能定位、水体现状、岸线利用现状及滨水区现状等，进行合理保护、利用和改造，在满足雨洪行泄等功能条件下，实现相关规划提出的低影响开发控制目标及指标要求，并与城市雨水管渠系统和超标雨水径流排放系统有效衔接。

城市水系影响开发雨水系统典型流程如图 7.28 所示。

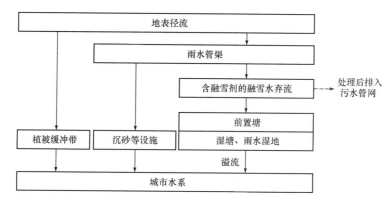

图 7.28　城市水系影响开发雨水系统典型流程

7.2　典型工程案例

深圳建科大楼绿色建筑节水设计案例

1. 工程概述

深圳建科院通过绿色生态理念的全过程(方案、设计、实施、运行)策划,运用目前成熟、可行的各种技术措施、构造做法和管理运行模式,建造了具有地域特色的绿色办公建筑——建科大楼,它是深圳建科院探索夏热冬暖地区绿色建筑实现低成本建造运行的有益尝试。目前,建科大楼已成为深圳市可再生能源利

家庭节水系统

节水便器

用示范工程之一,并先后获得国家绿色建筑设计评价标识三星级证书、民用建筑能效测评标识三星级、第三届百年建筑优秀作品公建类绿色生态建筑设计大奖和第二届中国建筑学会建筑设备(给水排水)优秀设计二等奖等十几项奖项。

建科大楼占地面积为 $0.3×10^4$ m²,建筑面积为 $1.8×10^4$ m²,建筑高度为 59.6 m,地上 12 层,地下 2 层,包括实验室、研发设计、办公、学术报告厅、地下停车库、休闲及生活辅助用房等。该建筑于 2009 年 3 月投入使用,近年来运行效果较好,如图 7.29 所示。

2. 给水排水系统设计

提高绿色建筑节水率的具体方法包括实施分质供水、避免管网漏损、限定给水系统出流水压、使用节水器具、防止二次污染及采用绿化节水灌溉技术等。

本工程水源为城市自来水,常年供水压力为 0.15 MPa,市政供水管网为环状,分两路引入供室内外生活和消防使用,引入管管径均为 DN150。本工程所处地块周边无再生水厂,市政无城市中水供水管网,考虑到本工程是可容纳 300 人的办公楼,具有稳定的生活污水来源,且深圳市地处南海之滨,全年雨量丰沛,年均降水量为 1 933.3 mm,故本工程收集所有生活污水及地块内的雨水作为非传统水水源。中水用于卫生间冲厕、室内绿化、地下室车库冲洗和旱季对雨水回收利用系统的补充。雨水用于室外绿化浇洒、室外道路冲洗及室外景观水池补水。

图 7.29　深圳建科大楼实景

根据《建筑给水排水设计规范》(GB 50015—2010)用水定额与本工程用水量组成及所占给水百分率(%)确定了本工程的生活用水及非传统水用水定额。根据用水量定额及各项设计参数，计算出建科大楼生活用水总需水量为 63.47 m³/d。非传统水需水量为 51.41 m³/d，其中 50.00 m³/d 由非传统水源提供，1.41 m³/d 由自来水补水，故本工程非传统水源利用率为 43.52%。水量平衡图如图 7.30 所示。

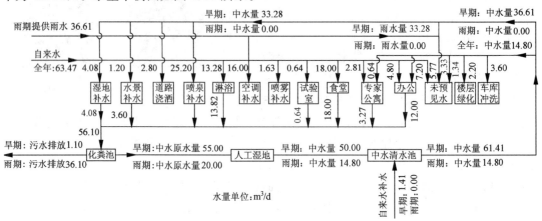

图 7.30　建科大楼水量平衡图

(1)给水系统设计。本工程给水系统分 2 个区，为充分利用市政水压，2 层及 2 层以下采用市政管网直接供水，3～12 层采用变频加压供水，生活加压泵站与消防泵房集中设置在地下 2 层。9 层及其以下支管采用可调式减压阀，压力设置在 0.20～0.30 MPa 范围内。空调系统和太阳能热水系统补水管均设置倒流防止器。水表分用途、分系统、分层设置，主要设置在空调补水管、试验室给水管、卫生间给水管、中水清水池补水管、消防水池(箱)补水管和太阳能热水补水管上。

(2)太阳能热水系统设计。深圳属于太阳能资源一般区域，年平均日辐射量为 14 315 kJ/m²，考虑节能减排和验证本土低耗的绿色技术，本工程太阳能集热器面积总计为 268 m²，分为以下三套系统：

1)食堂和公共浴室采用集中太阳能热水系统,集热器面积为 192 m²,于大楼北侧屋顶架空构架层内集中设置太阳能集热板,于北侧屋顶集中设置太阳能集热水箱,加热后热水集中供给 12 层餐厅及公共浴室;

2)公共卫生间淋浴采用集中-分散式太阳能热水系统,集热器面积为 28 m²,于大楼北侧屋顶架空构架层内集中设置太阳能集热板,分别于各层卫生间内设置承压水箱;

3)专家公寓采用集中太阳能热水系统,集热器面积为 48 m²,于大楼南侧屋顶架空构架层内集中设置太阳能集热板,于南侧屋顶集中设置太阳能集热水箱,加热后热水集中供给 11 层专家公寓。

在阴雨天时,三套热水系统集中采用燃气锅炉辅助加热,集中-分散式系统采用电辅助加热。

(3)生活排水、中水回用系统设计。排水体制采用雨污分流制,并在二层卫生间采用基于排水集水器的同层排水技术(图 7.31)。因 4 月至 9 月是深圳市的汛期,10 月至次年 3 月降雨较少,呈现出降雨量不均衡性,旱季时间长达 6 个多月,在旱季时,所需非传统水均由中水提供,所以,本工程中水规模按旱季所需非传统水量来确定。

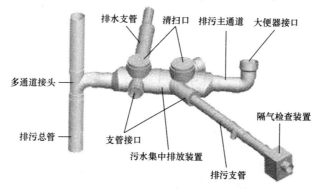

图 7.31　同层排水系统示意

按常规给水排水计算,本工程日均非传统水需水量为 51.41 m³/d,则中水水源水量应为 56.55 m³/d。本工程可作为中水的源水量为 56.10 m³/d,小于中水水源需水量,综合考虑中水源水量及建筑布局等因素,确定其中水处理规模 55 m³/d,每日可提供中水量为 50 m³/d。为提高非传统水源利用率,所有生活排水均收集后进行处理。对于食堂排水,通过成品隔油池进行隔油后排入污水排水系统,污水经过化粪池(在化粪池出口设置事故排放管)后依次进入格栅池、调节池、水解酸化池、接触氧化池和沉淀池,然后通过提升泵进入人工湿地,人工湿地出水进入中水清水池并采用次氯酸钠消毒。人工湿地污水处理量为 55 m³/d,人工湿地占地面积为 185 m²,处理系统如图 7.32 所示。

本工程根据绿化分布具体情况,分别设置了微喷灌系统与滴灌系统,其中屋顶花园、六楼架空花园及一楼室外绿化带采用微喷灌浇灌,各屋外挑花池采用滴灌浇灌。滴灌带采用出水均匀的涡流迷宫式流道 LDPE 滴灌带。

(4)雨水收集回用系统。本工程全面收集场地内的雨水进行回用。经计算,按照重现期 2 年、场地开发前综合径流系数为 0.3、雨水径流量为 239.48 m³/d、场地开发后综合径流系数为 0.74、雨水径流量为 587.84 m³/d、场地开发后的外排量不大于开发前考虑,需收集的雨水量为 348.36 m³/d。结合地下室平面布置,地下 2 层南侧地下车道下设置 1 座雨水

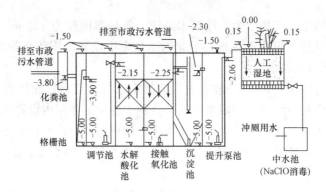

图 7.32　人工湿地中水处理系统

收集池，其容量为 516 m³（其中雨水调储容量为 284 m³，空调换热系统固定水量为 232 m³），于地下 1 层东北角设置 1 座雨水收集池，其容积为 70 m³，两座雨水收集池总调储容量为 354 m³，满足规范要求，技术上可行。

按照绿色建筑评价标准的有关规定，结合考虑经济成本，在雨季时，人工湿地补水、水景补水、室外道路冲洗和喷泉补水均由处理后的雨水提供，雨水回用规模为 36.61 m³/d。在雨季，中水系统的中水大部分外排，仅利用其中的 20 m³/d。

天面雨水经过绿化屋面过滤后通过软式透水管排入雨水收集井（图 7.33），雨水经过井内的雨水斗进入雨水立管，排入室外雨水管道系统。室外道路设置雨水收集带（图 7.34），通过软式透水管进入室外雨水管道系统。室外雨水管道系统中的雨水进入雨水收集池后，由提升泵提升进入人工湿地处理系统后进入雨水清水池，供绿化泵和景观水泵使用。处理雨水的人工湿地规模是 71 m³/d，人工湿地占地面积为 98 m²。

图 7.33　雨水收集井

（5）管材、器具与设备选择。

1）管材。室内管材：给水立管采用钢塑复合管（内衬 PE），丝扣连接，给水支管采用 PE 给水管，卫生间给水支管采用 PPR 给水管，粘接；中水管管材与给水管相同；热水采用 PPR 热水给水管，粘接；中水与雨水处理系统连接管和循环管均采用 PE 给水管，热熔连接；雨水与污水重力流排水管均采用 HDPE 排水管，热熔连接；压力流排水管（潜污泵出水管等）采用柔性铸铁排水管，承插连接。

图 7.34 场地雨水收集带

室外管材：给水管和绿化中水管均采用 PE 给水管，热熔连接；排水管均采用 HDPE 双壁波纹管；场地雨水收集管采用软式透水管。

2)器具。各类出水龙头均采用充气式节水龙头；1 层、5 层公共卫生间洗脸盆采用光电感应式控制阀，其余卫生间洗脸盆均采用可调式延迟自闭阀；小便斗采用光电感应式控制阀，并于 2 层设置 1 台无水小便斗；蹲便器均采用脚踏式自闭阀；残卫内的坐便器均采用 3/6 L 两挡节水型坐便器；淋浴花洒均采用节水型花洒。

3)设备。供水变频机组选用低噪声变频泵和小体积气压罐。绿色建筑对噪声的控制要求比较高，因此，考虑选择低噪声的高性能变频泵。气压罐体积决定了在一定压力范围内稳定管网的水压，同时，气压罐的调节容积决定了水泵的启动时间间隔。一般情况下应考虑选择稍微大一些的气压罐，但经实地调研多个小区的二次供水泵站合，发现变频供水泵与气压罐联合供水设备在使用初期的几年内能较好地满足供水要求，而 5 年以后，气压罐严重影响供水水质。基于此因素的考虑，本工程选择小体积气压罐。

3. 施工经验与运行效果

(1)施工经验。施工中遇到的典型问题是 UPVC 的雨水斗或地漏与 HDPE 排水管的连接问题。设计时，考虑 LEED 认证要求绿色环保管材，所以，选择了 HDPE 排水管。但与常规的 UPVC 雨水斗或地漏的连接成了施工中比较难解决的问题。经多方试验，粘接和热熔连接均不可靠，最可靠的是采用排水铸铁管连接中的不锈钢钢管箍配合橡胶圈进行连接。经过一年多的暴雨排水考验，这一连接比较可靠，没有发生漏水事件。

(2)运行效果。建科大楼自 2009 年 3 月投入使用，近年来的使用记录表明建科大楼不仅提供了舒适健康的工作环境，而且在节省水资源及能源资源方面效果十分突出。

1)节水。试运行阶段，根据建科院全体员工的调查反馈，发现洗脸盆的可调式延迟自闭阀的延迟时间长达 20 多秒，后经调节，全部设定在 5 s 左右。建科大楼于 2009 年 7 月至 2010 年 3 月进行了生活与非传统用水的水量统计。统计表明，2009 年 7 月至 2010 年 3 月大楼自来水总用水量为 3 354 m³，非传统水总用水量为 3 885 m³，非传统水源利用率达到 54%，超过设计的 43.52% 的要求，且远高于国家《绿色建筑评价标准》(GB/T 50378—2014)中非传统水利用率的最高标准 40% 的要求；从近几年的使用数据可知，本工程很好地实现了节水减排目标。

2)太阳能热水。采用了太阳能热水系统供本楼食堂、专家公寓及员工淋浴生活热水，近年来系统运行情况良好，热水供应稳定，基本满足使用要求。

3)回用水系统。由于中水和雨水处理系统均采用人工湿地，实际运行表明，雨水处理部分的人工湿地出水稳定期较长，这是雨水水量、水质不稳定所致（初期雨水污染物多，后期污染物少）。

4. 结语

建科大楼经过近年来的运行，效果良好，达到了绿色建筑的节水节能设计要求，其设计经验可供同行参考。

第8章 建筑采暖、通风与空调节能技术

8.1 供热采暖节能途径与设计

8.1.1 概述

建筑采暖节能的目标，是通过降低建筑物自身能耗需求和提高采暖空调系统效率来实现的。其中，建筑物围护结构承担约60%，采暖系统承担40%。为达到节能目标，采暖系统的节能是非常重要的环节。目前，节能建筑的面积已达数亿平方米以上，但采暖所需的矿物质能源供应的下降却不显著。主要原因是供热采暖系统与建筑物的节能还未完全同步实施，供热采暖系统节能潜力很大。可以说，提高维护结构节能效果是为建筑节能创造实现条件，而供热采暖系统的节能是具体的落实环节。

我国地域广阔，从严寒地区、寒冷地区、夏热冬冷地区、夏热冬暖地区到温和地区，各地气候条件差别很大，太阳辐射量也不一样，采暖的需求各有不同。即使在同一个严寒地区，其寒冷时间与严寒程度也有相当大的差别，因而，从建筑节能设计的角度，必须再细分为若干个子气候区域，对不同气候区域居住建筑采暖要求作出不同的规定。

8.1.2 居住建筑采暖系统的节能设计

1. 严寒和寒冷地区居住建筑采暖节能设计

严寒和寒冷地区居住建筑采暖节能设计要符合行业标准《严寒和寒冷地区居住建筑节能设计标准》(JGJ 26—2010)的规定。本标准适用于各类居住建筑(新建、改建和扩建居住建筑)，包括采用和尚未采用采暖或空调的居住建筑，其中包括住宅、集体宿舍、托儿所、幼儿园等，采暖能源包括采用煤、电、油、气或地热等能源，以及使用集中或分散供热的热源。具体有以下要求：

(1)居住建筑采暖的一般规定。

1)严寒和寒冷地区的居住建筑，采暖设施是生活必须设施。寒冷地区B区的居住建筑夏天还需要空调降温，因此，还宜设置或预留设置空气调节设施的位置和条件。

2)居住建筑集中采暖、空调系统的热、冷源方式及设备的选择，可根据节能要求，考虑当地资源情况、环境保护、能源效率及用户对采暖运行费用可承受的能力等综合因素，经技术经济分析比较确定。

3)居住建筑集中供热热源形式选择，应符合以下原则：以热电厂和区域锅炉房为主要热源；在城市集中供热范围内时，应优先采用城市热网提供的热源；有条件时，宜采用冷、热、电联供系统；集中锅炉房的供热规模应根据燃料确定，当采用燃气时，供热规模不宜过大，采用燃煤时供热规模不宜过小；在工厂区附近时，应优先利用工业余热和废热；有条件时，应积极利用可再生能源。

4)居住建筑的集中采暖系统，应按热水连续采暖进行设计。住宅区内的商业、文化及其他公共建筑，可根据其使用性质、供热要求，经技术经济比较确定。

5)除当地电力充足和供电政策支持，或者建筑所在地无法利用其他形式的能源外，严寒和寒冷地区的住宅内，不应设计采用直接电热采暖。

6)集中采暖(集中空调)系统，必须设置住户分室(户)温度调节控制装置及分户热计量(分户热分摊)的装置或设施。

(2)居住采暖系统的节能设计。

1)室内的采暖系统，应以热水为热媒。采暖形式宜采用双管系统，如采用单管系统，应设置跨越管或装置分配阀(H阀)，以便设置室温调控装置。

2)室内采暖要进行分户热量分摊，通过下列途径来实现：

①温度法：按户设置温度传感器，通过测量室内温度，结合每户建筑面积，以及楼栋供热量进行热量(费)分摊；

②热量分配表法：每组散热器设置蒸发式或电子式热量分配表，通过对散热器散发热量的测量，并结合楼栋热量表计量得出的供热量进行热量(费)分摊；

③户用热量表法：按户设置热量表，通过测量流量和供、回水温差进行热量计量，进行热量(费)分摊；

④面积法：在不具备以上条件时，也可根据楼前热量表计量得出的供热量，结合各户面积进行热量(费)分摊。

3)室内采用散热器供暖时，每组散热器的进水支管上应安装散热器恒温控制阀。散热器恒温控制阀(又称温控阀、恒温器等)安装在每组散热器的进水管上，它是一种自力式调节控制阀，用户可根据对室温高低的要求，调节并设定室温。这样恒温控制阀就确保了各房间的室温，避免了立管水量不平衡，以及单管系统上下层室温不均匀问题。同时，更重要的是，当室内获得"自由热"(又称"免费热"，如阳光照射、室内热源——炊事、照明、电器及居民等散发的热量)而使室温有升高趋势时，恒温控制阀会及时减少流经散热器的水量，不仅保持室温合适，同时达到节能目的。目前北京、天津等地方节能设计标准已将安装散热器恒温阀作为强制性条文，根据实施情况来看，有较好的效果。

4)采用散热器的集中采暖系统的供水温度，应符合以下规定：

①采用金属管道时，$t \leqslant 95 \, ℃$，供水、回水温差 $\Delta t \geqslant 25 \, ℃$；

②采用铝塑复合管时，$t \leqslant 85 \, ℃$，供水、回水温差 $\Delta t \geqslant 25 \, ℃$；

③采用热塑性塑料管时，$t \leqslant 80 \, ℃$，供水、回水温差 $\Delta t \geqslant 20 \, ℃$；

④地面以上连接散热器的供水、回水支管，宜采用金属管道。

5)采用热水地面辐射供暖系统时，应遵循行业标准《辐射供暖供冷技术规程》(JGJ 142—2012)执行。热水地面辐射供暖系统的供水、回水温度应由计算确定，供水温度不应大于 60 ℃，供水、回水温差不宜大于 10 ℃且不宜小于 5 ℃。民用建筑供水温度宜采用 35 ℃～45 ℃。

6)施工图设计时，必须进行室内供暖管道严格的水力平衡计算，确保各并联环路间（不包括公共段）的压力损失差额不大于15%；在水力平衡计算时，应计算水冷却产生的附加压力，其值可取设计供、回水温度条件下附加压力值的2/3。

7)我国北方城镇建筑供热在二三十年前还是以烧火炉采暖为主，一些城市的集中供热也是以小型锅炉供热为主，而现在已逐步转变为以集中供热为主，区域供热已经有了很大的发展，图8.1所示为北方城镇热水锅炉集中供热系统示意。另外，本地区采暖和空调的日益普及，也要求建筑节能工作迅速跟上。

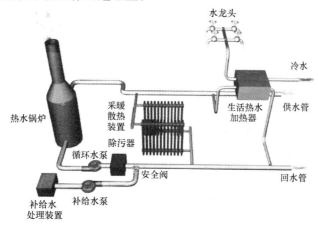

图 8.1　北方城镇热水锅炉集中供热系统示意

2. 夏热冬冷地区居住建筑采暖节能设计

夏热冬冷地区居住建筑采暖节能设计要符合行业标准《夏热冬冷地区居住建筑节能设计标准》（JGJ 134—2010）的规定。

(1)居住建筑采暖、空调方式及其设备的选择，应根据当地资源情况，经技术经济分析，以及用户对设备运行费用的承担能力综合考虑确定。如中央空调系统和各户分体式空调冬季采暖，分别如图8.2和图8.3所示。

图 8.2　中央空调示意

(2)当居住建筑采用集中采暖、空调系统时，必须设置分室（户）温度调节、控制装置及分户热（冷）量计量或分摊设施。

(3)除当地电力充足和供电政策支持，或者建筑所在地无法利用其他形式的能源外，夏热冬冷地区居住建筑不应设计直接电热采暖。

图8.3 分体式电空调示意图

(4)居住建筑进行夏季空调、冬季采暖，宜采用下列方式：

1)电驱动的热泵型空调器(机组)；

2)燃气、蒸汽或热水驱动的吸收式冷(热)水机组；

3)低温地板辐射采暖方式；

4)燃气(油、其他燃料)的采暖炉采暖等。

(5)当设计采用户式燃气采暖热水炉作为采暖热源时，其热效率应达到国家标准《家用燃气快速热水器和燃气采暖热水炉能效限定值及能效等级》(GB 20665—2006)中的第2级。

(6)当设计采用电动机驱动压缩机的蒸汽压缩循环冷水(热泵)机组，或采用名义制冷量大于7 100 W的电动机驱动压缩机单元式空气调节机，或采用蒸汽、热水型溴化锂吸收式冷水机组及直燃型溴化锂吸收式冷(温)水机组作为住宅小区或整栋楼的冷热源机组时，所选用机组的能效比(性能系数)应符合现行国家标准《公共建筑节能设计标准》(GB 50189)中的规定值；当设计采用多联式空调(热泵)机组作为户式集中空调(采暖)机组时，所选用机组的制冷综合性能系数[IPLV(C)]不应低于国家标准《多联式空调(热泵)机组能效限定值及能源效率等级》(GB 21454—2008)中规定的第3级。

(7)当选择土壤源热泵系统、浅层地下水源热泵系统、地表水(淡水、海水)源热泵系统、污水水源热泵系统作为居住医或户用空调的冷热源时，严禁破坏、污染地下资源。

(8)当采用分散式房间空调器进行空调和(或)采暖时，宜选择符合国家标准《房间空气调节器能效限定值及能效等级》(GB 12021.3)和《转速可控型房间空气调节器能效限定值及能源效率等级》(GB 21455)中规定的节能型产品(即能效等级2级)。

(9)当技术经济合理时，应鼓励居住建筑中采用太阳能，地热能等可再生能源，以及在居住建筑小区采用热、电、冷联产技术。

(10)居住建筑通风设计应处理好室内气流组织，提高通风效率。厨房、卫生间应安装局部机械排风装置。对采用采暖、空调设备的居住建筑，宜采用带热回收的机械换气装置.

3. 夏热冬暖地区居住建筑采暖节能设计

夏热冬暖地区居住建筑采暖节能设计要符合行业标准《夏热冬暖地区居住建筑节能设计标准》(JGJ 75—2012)的规定。

(1)居住建筑空调与采暖方式及设备的选择，应根据当地资源情况，充分考虑节能、环保因素，并经技术经济分析后确定。

(2)采用集中式空调(采暖)方式或户式中央空调的住宅，应进行逐时逐项冷负荷计算；采用集中式空调(采暖)方式的居住建筑,应设置分室(户)温度控制及分户冷(热)量计量设施。

(3)居住建筑进行夏季空调、冬季采暖时,宜采用电驱动的热泵型空调器(机组)、燃气、蒸汽或热水驱动的吸收式冷(热)水机组,或有利于节能的其他形式的冷(热)源。

(4)设计采用电动机驱动压缩机的蒸汽压缩循环冷水(热泵)机组,或采用名义制冷量大于 7 100 W 的电动机驱动压缩机单元式空气调节机,或采用蒸汽、热水型溴化锂吸收式冷水机组及直燃型溴化锂吸收式冷(温)水机组作为住宅小区或整栋楼的冷热源机组时,所选用机组的能效比(性能系数)应符合现行国家标准《公共建筑节能设计标准》(GB 50189—2015)中的规定值。

(5)居住建筑设计时,采暖方式不宜设计采用直接电热设备。

(6)采用多联式空调(热泵)机组作为户式集中空调(采暖)机组时,所选用机组的制冷综合性能系数[IPLV(C)]应不低于国家标准《多联式空调(热泵)机组能效限定值及能源效率等级》(GB 21454—2008)中规定的第 3 级。

(7)采用分散式房间空调器进行空调和(或)采暖时,宜选择符合《房间空气调节器能效限定值及能源效率等级》(GB 12021.3—2010)、《转速可控型房间空气调节器能效限定值及能效等级》(GB 21455—2013)中规定的能效等级 2 级以上的节能型产品。

(8)当选择土壤源热泵系统、浅层地下水源热泵系统、地表水(淡水、海水)源热泵系统、污水水源热泵系统作为居住区或户用空调(热泵)机组的冷热源时,严禁破坏、污染地下资源。

(9)技术经济合理时,鼓励在居住建筑中采用太阳能、地热能、海洋能等可再生能源空调、采暖技术。

(10)居住建筑应统一设计分体式房间空调器的安放位置和搁板构造,设计安放位置时应避免多台相邻室外机吹出气流相互干扰,并应考虑凝结水的排放和减少对相邻住户的热污染和噪声污染;设计搁板构造时,应有利于室外机的吸入和排出气流通畅,以及缩短室内、外机的连接管路;设计安装整体式(窗式)房间空调器的建筑,应预留其安放位置。

8.1.3 公共建筑采暖系统的节能设计

我国建筑用能已超过全国能源消费总量的 1/4,并将随着人民生活水平的提高逐步增加到 1/3 以上;既有公共建筑近 40 亿平方米,我国每年城镇新建公共建筑 3 亿~4 亿平方米,大型高档公共建筑的单位面积能耗为城镇普通住宅建筑能耗的 10~15 倍,一般公共建筑的能耗也是普通住宅建筑能耗的 5 倍。

制定并实施公共建筑节能设计标准,有利于改善公共建筑的热环境,提高暖通空调系统的能源利用效率,从根本上扭转公共建筑用能严重浪费的状况,为实现国家节约能源和保护环境的战略,贯彻有关政策和法规作出贡献。未来公共建筑采暖节能目标是在保证相同的室内热环境舒适参数条件下,与 20 世纪 80 年代初设计建成的公共建筑相比,全年采暖、通风、空调、照明的总能耗应减少 50%。公共建筑节能设计要严格按照《公共建筑节能设计标准》(GB 50189—2015)进行建筑热工设计。

1. 公共建筑采暖一般规定

严寒地区的公共建筑,不宜采用空气调节系统进行冬季采暖,冬季宜设热水集中采暖系统。对于寒冷地区,应根据建筑等级、采暖期天数、能源消耗量和运行费用等因素,经技术经济综合分析比较后确定是否另设置热水集中采暖系统。

2. 公共建筑采暖系统节能设计

(1)国家节能指令第四号明确规定:"新建采暖系统应采用热水采暖。"实践证明,采用热水作为热媒,不仅对采暖质量有明显的提高,而且便于进行节能调节。因此,明确规定集中采暖系统应采用热水作为热媒。

(2)设计集中采暖系统时,管路宜按南、北向分环供热原则进行布置,在采暖系统南、北向分环布置的基础上,各向选择2~3个房间作为标准间,取其平均温度作为控制温度,通过温度调控调节流经各向的热媒流量或供水温度,不仅具有显著的节能效果,还可以有效地平衡南、北向房间因太阳辐射导致的温度差异,从根本上克服"南热北冷"的问题。

(3)选择供暖系统制式的原则,是在保持散热器有较高散热效率的前提下,保证系统中除楼梯间外的各个房间(供暖区)能独立进行温度调节。由于公共建筑往往分区出售或出租,由不同单位使用,因此,在设计和划分系统时,应充分考虑实现分区热量计量的灵活性、方便性和可能性,确保实现按用热量多少进行收费。

(4)散热器宜明装,散热器的外表面应刷非金属性涂料。试验证明,散热器外表面涂刷非金属性涂料时,其散热量比涂刷金属性涂料时能增加10%左右。散热器暗装在罩内时,不但散热器的散热量会大幅度减少,而且由于罩内空气温度远远高于室内空气温度,从而使罩内墙体的温差传热损失大大增加,还会影响温控阀的正常工作。为此,应避免这种错误做法。如工程确实需要暗装时(如幼儿园),则必须采用带外置式温度传感器的温控阀,以保证温控阀能根据室内温度进行工作。

(5)散热器的安装数量,应与设计负荷相适应,不应盲目增加。有些人以为散热器装得越多就越安全,殊不知实际效果并非如此;盲目增加散热器数量,不但浪费能源,还很容易造成系统热力失匀和水力失调,使系统不能正常供暖。

(6)公共建筑内的高大空间,如大堂、候车(机)厅、展厅等处的采暖,宜采用辐射供暖方式。如果采用常规的对流采暖方式供暖,室内沿高度方向会形成很大的温度梯度,不但建筑热损耗较大,而且人员活动区的温度往往偏低,很难保持设计温度。而采用辐射供暖时,室内高度方向的温度梯度很小,既可创造比较理想的热舒适环境,又可比对流采暖时减少15%左右的能耗。

(7)量化管理是节约能源的重要手段,按照用热量的多少来计收采暖费用,既公平合理,也有利于提高用户的节能意识。设置水力平衡配件后,可以通过对系统水力分布的调整与设定,保持系统的水力平衡,保证获得预期的供暖效果。集中采暖系统供水或回水管的分支管路上,根据水力平衡要求设置水力平衡装置,必要时,在每个供暖系统的入口处设置热量计量装置。

3. 公共建筑空气调节与采暖系统的冷热源选择

(1)供暖空调冷源与热源应根据建筑规模、用途、建设地点的能源条件、结构、价格及国家节能减排和环保政策的相关规定,通过综合论证确定,并应符合下列规定:

1)有可供利用的废热或工业余热的区域,热源宜采用废热或工业余热。当废热或工业余热的温度较高、经技术经济论证合理时,冷源宜采用吸收式冷水机组。

2)在技术经济合理的情况下,冷、热源宜利用浅层地能、太阳能、风能等可再生能源。当采用可再生能源受到气候等原因的限制无法保证时,应设置辅助冷、热源。

3)不具备第1)、2)款的条件，但有城市或区域热网的地区，集中式空调系统的供热热源宜优先采用城市或区域热网。

4)不具备第1)、2)款的条件，但城市电网夏季供电充足的地区，空调系统的冷源宜采用电动压缩式机组。

5)不具备第1)款~4)款的条件，但城市燃气供应充足的地区，宜采用燃气锅炉、燃气热水机供热或燃气吸收式冷(温)水机组供冷、供热。

6)不具备第1)款~5)款条件的地区，可采用燃煤锅炉房、燃油锅炉供热，蒸气吸收式冷水机组或燃油吸收式冷(温)水机组供冷、供热。

7)夏季室外空气设计露点温度较低的地区，宜采用间接蒸发冷却冷水机组作为空调系统的冷泵。

8)天然气供应充足的地区，当建筑的电力负荷、热负荷和冷负荷能较好匹配、能充分发挥冷、热、电联产系统的能源综合利用效率且经济技术比较合理时，宜采用分布式燃气冷热电三联供系统。

9)全年进行空调调节，且各房间或区域负荷特性相差较大，需要长时间地向建筑同时供热和供冷，经技术经济比较合理时，宜采用水环热泵空调系统供冷、供热。

10)在执行分时电价、峰谷电价差较大的地区，经技术经济比较，采用低谷电能够明显起到对电网"削峰填谷"和节省运行费用时，宜采用蓄能系统供冷、供热。

11)夏热冬冷地区及干旱缺水地区的中、小建筑宜采用空气源热泵或土壤源地源热泵系统供冷、供热。

12)有天然地表水等资源可供利用，或者有可利用的浅层地下水且能保证100%回灌时，可采用地表水或地下水地源热泵系统供冷、供热。

13)具有多种能源的地区，可采用复合式能源供冷、供热。

(2)除符合下列条件之一外，不得采用电直接加热设备作为供暖热源：

1)电力供应充足且电力需求侧管理鼓励用电时；

2)无城市或区域集中供热，采用燃气、煤、油等燃料受到环保或消防限制，且无法利用热泵提供供暖热源的建筑；

3)以供冷为主、供暖负荷非常小，且无法利用热泵或其他方式提供供暖热源的建筑；

4)以供冷为主、供暖负荷小，无法利用热泵或其他方式提供供暖热源，但可以利用低谷电进行蓄热、且电锅炉不在用电高峰和平段时间启用的空调系统；

5)利用可再生能源发电，且其发电量能满足自身电加热用电量需求的建筑。

(3)除符合下列条件之一外，不得采用电直接加热设备作为空气加湿热源：

1)电力供应充足，且电力需求侧管理鼓励用电时；

2)利用可再生能源发电，且其发电量能满足自身加湿用电量需求的建筑；

3)冬季无加湿用蒸汽源，且冬季室内相对湿度控制精度要求高的建筑。

8.1.4 建筑采暖新技术

1. 太阳能采暖(本节将在第10章具体讲述，本节略)

太阳能取暖是取之不尽、用之不竭、安全、经济、无污染的取暖方式，可以有效节省建筑能源，是比较节能的采暖方式。目前，节能建筑建设和改造工程正在我国各大城市大刀阔斧地展开，我国目前研发出一种复合式太阳能采暖房，专门适用于农村地区建设使用，做到使冬天温暖如春，夏天可以自动制冷。该复合式太阳能采暖房可以依不同建筑面积选取相应保温类型，墙中增加保温材料，双窗、屋顶内置聚苯保温。屋顶安装真空管集热系统，地板采暖可提供大量生活用热水，用户可以自动控制使用过程，我国太阳能采暖房如图8.4所示。

图8.4　太阳能采暖房

若太阳能采暖房设计合理，基本不用增加建筑成本，集热墙的建造与粘瓷砖费用基本相同，无运行费用，与建筑一体化、同寿命。管道、泵设备、自动控制系统组成完整的太阳能热水采暖系统，采暖同时可提供洗浴和生活用热水。太阳能采暖房具有经济、高效、方便、耐用等特点，设备成本低，运行时不用电辅助，使老百姓用得起。到目前为止，太阳能采暖房已经获得大面积推广，目前太阳能采暖工程已在内蒙古、辽宁、山西、山东等地广泛应用。（太阳能采暖技术详见本书第10章，本节略）

2. 热泵技术

详见"8.2热泵技术"，本节略

3. 地面辐射采暖

目前，地面辐射供暖应用主要有水暖和电暖两种方式，电暖又分为普通地面供暖和相变地面供暖。

（1）低温热水地板辐射供暖系统。低温热水地板辐射供暖起源于北美、北欧的发达国家，在欧洲已有多年的使用和发展历史，是一项非常成熟且应用广泛的供热技术，也是目前国内外暖通界公认的最为理想、舒适的供暖方式之一。随着建筑保温程度的提高和管材的发展，我国近20年来低温热水地面辐射供暖发展较快。埋管式地面辐射供暖具有温度梯度小、室内温度均匀、垂直温度梯度小、脚感温度高等特点，在同样舒适的情况下，辐射供暖房间的设计温度可以比对流供暖房间低2℃～3℃，其实感温度比非地面的实感温度要高2℃，具有明显的节能效果。

低温热水地板辐射供暖是以温度不高于60℃的热水作为热源，在埋置于地板下的盘管系统内循环流动，加热整个地板，通过地面均匀地向室内辐射散热的一种供暖方式。民用建筑供水温度通过直接埋入建筑物地面的铝塑复合管（PAP）或聚丁烯管（PB）、交联聚乙烯管（PEX）、无规共聚聚丙烯管（PP-R）等盘管辐射，如图8.5所示。地板辐射供暖加热管的布置形式有平行形布置和回折形布置等形式，如图8.6所示。

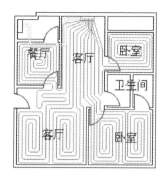

图 8.5 低温热水地面辐射供暖布置示意

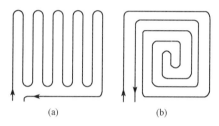

图 8.6 地板辐射供暖加热管的布置形式

(a)平行形布置；(b)回折形布置

　　地板辐射供暖的地板构造示意如图 8.7 和图 8.8 所示，低温热水地板辐射供暖系统控制示意如图 8.9 所示。

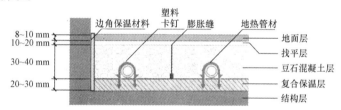

图 8.7 地板辐射供暖的地板构造示意(一)

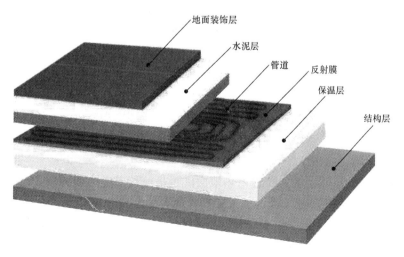

图 8.8 地板辐射供暖的地板构造示意(二)

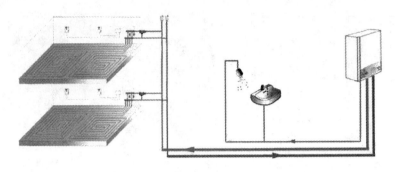

图 8.9　低温热水地板辐射供暖控制系统示意

低温热水地板辐射供暖的优点是：较传统的采暖供水温度低，加热水消耗的能量少，热水传送过程中热量的消耗也小。由于进水温度低，便于使用热泵、太阳能、地热、低品位热能，可以进一步节省能量，便于控制与调节。地面辐射供暖供/回水为双管系统，避免了传统采暖方式无法单户计量的弊端，可适用于分户采暖。只需在每户的分水器前安装热量表，就可实现分户计量。用户各房间温度可通过分、集水器(图 8.10)上的环路控制阀门方便地调节，有条件的可采用自动温控，这些都有利于能耗的降低。

图 8.10　分水器和集水器示意

低温热水地板辐射供暖要符合《民用建筑供暖通风与空气调节设计规范》(GB 50736—2012)的规定：低温热水地板辐射供暖应具有室温控制功能；室温控制器宜设在被控温的房间或区域内；自动控制阀宜采用热电式控制阀或自力式恒温控制阀。自动控制阀的设置可采用分环路控制和总体控制两种方式，并应符合下列规定：

1)采用分环路控制时，应在分水器或集水器处，分路设置自动控制阀，控制房间或区域保持各自的设定温度值。自动控制阀也可内置于集水器中。

2)采用总体控制时，应在分水器总供水管或集水器回水管上设置一个自动控制阀，控制整个用户或区域的室内温度。

(2)普通电热地面供暖系统。普通电热地面供暖是一种以电为能源，发热电缆通电后开始发热为地面层吸收，然后均匀加热室内空气，还有一部分热量以远红外线辐射的方式直接释放到室内。可以根据自己的需要设定温控器的温度，当室温低于温控器设定的温度时，温控器接通电源，温度高于设定温度时，温控器断开电源，能够保持室内最佳舒适温度。可以根据不同情况自由设定加热温度，如在无人留守的室内，可以设定较低的温度，缩小与室外的温差，减少传递热量，降低能耗，如图 8.11 所示。

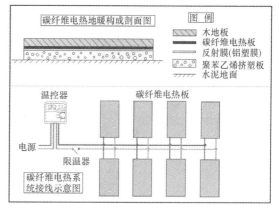

图 8.11　普通电热地面供暖系统

（3）相变储能电热地面供暖系统。相变储能（蓄热）电加热地面供暖系统是将相变储能技术应用于电热地面供暖，在普通电热地面供暖系统中加入相变材料，作为一种新的供暖方式。在低谷电价时段，利用电缆加热地板下面的 PCM 层使其发生相变，吸热融化，将电能转化成热能；在非低谷电价时段，地板下面的 PCM 再次发生相变，凝固放热，达到供暖目的。这不仅可以解决峰谷差的问题，达到节能的目的，并且还可以缓解我国城市的环境污染问题，节约电力运行费用。

4. 顶棚、墙壁辐射板采暖

安装于顶棚或墙壁的辐射板供热/供冷装置是一种可改善室内热舒适并节约能耗的新方式。这种装置供热时内部水温为 23 ℃～30 ℃，供冷时水温为 18 ℃～22 ℃，同时辅以置换式通风系统，采取下送风、侧送风，风速低于 2 m/s 的方式，换气次数为 0.5～1 次/h，实现夏季除湿、冬季加湿的功能。

由于是辐射方式换热，使用这种装置时，夏季可以适当降低室温，冬季适当提高室温，在获得等效的舒适度的同时可降低能耗。冬、夏季共用同样的末端，可节约一次初投资；提高夏季水温，降低冬季水温，有利于使用热泵而显著降低能耗。由于顶棚具有面积大、不会被家具遮挡等优点，因而是最佳辐射降温表面，同时还能进行对流降温。通过控制室内湿度和辐射板温度可防止顶棚结露。为了控制室内湿度，应对新风进行除湿，同时保证辐射板的表面温度高于空气的露点温度。这种装置可以消除吹风感的问题。同时，由于夏季水温较高，而且新风独立承担湿负荷，还可以避免采用风机盘管时，由于水温较低，容易在集水盘管产生霉菌，而降低室内空气品质的问题。顶棚、墙壁辐射供暖示意如图 8.12 所示。

5. 生物质能采暖

生物质能是重要的可再生资源，在 21 世纪，世界能源消费的 40% 将会来自生物质能。生物质能作为可再生的洁净能源，无论是在废弃资源回收或替代不可再生的矿物质能源，还是在环境的改善和保护等各方面，均具有重大的意义。

生物质是植物光合作用直接或间接转化产生的所有产物。生物质能是指利用生物质生产的能源。目前，作为能源的生物质主要是指农业、林业及其他废弃物，如各种农作物秸秆、糖类作物、淀粉作物、油料作物、林业及木材加工废弃物、城市和工业有机废弃物及动物粪便等。生物质能利用技术可分为气体、液体和固体三种。

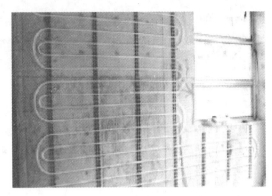

图 8.12　顶棚、墙壁辐射供暖示意

（1）生物质气体燃料。生物质气体燃料主要有两种技术。一种是利用动物粪便、工业有机废水和城市生活垃圾通过厌氧消化技术生产沼气，用作居民生活燃料或工业发电燃料，这既是一种重要的保护环境的技术，也是一种重要的能源供应技术。目前，沼气技术已非常成熟，并得到了广泛的应用。另一种是通过高温热解技术将秸秆或林木质转化为以一氧化碳为主的可燃气体，用于居民生活燃料或发电燃料，由于生物质热解气体的焦油问题还难以处理，致使目前生物质热解气化技术的应用还不够广泛。

（2）生物质液体燃料。生物质液体燃料主要有两种技术。一种是通过种植能源作物生产乙醇和柴油，如利用甘蔗、木薯、甜高粱等生产乙醇，利用油菜籽或食用油等生产柴油。目前，这种利用能源作物生产液体燃料的技术已相当成熟，并得到了较好的应用，如巴西利用甘蔗生产的乙醇代替燃油的比例已达到25％。另一种是利用农作物秸秆或林木质生产油或乙醇。目前，这种技术还处工业化试验阶段。总体来看，生物质液体燃料是一种优质的工业燃料，不含硫及灰粉，既可以直接代替汽油、柴油等石油燃料，也可以作为民用燃烧或内燃机燃料，展现了极好的发展前途。

（3）生物质固体燃料。生物质固体燃料是指将农作物秸秆、薪柴、芦苇、农林产品加工剩余物等固体生物质原料，经粉碎、压缩成颗粒或块状燃料，不仅可以在专门设计的炉具、锅炉中燃烧，代替煤炭、液化气、天然气等化石材料和传统的生物质材料进行发电或供热，也可以为农村和小城市的居民、工商业用户提供炊事、采暖用能及其他用途的热能。由于生物质固体燃料的密度和煤相当，形状规则，容易运输和贮存，便于组织燃烧，故可作为商品燃料广泛应用于炊事、采暖。国内外研制了各种专用的燃烧生物质固体燃料的炊事和采暖设备，如一次装料的向下燃烧式炊事炉、半气化-燃烧炊事炉、炊事-采暖两用炉、上饲式热水锅炉、固定床层燃热水锅炉、热空气取暖壁炉等。生物质固体燃料户用炊事炉的热效率可达到30％以上；户用热水采暖炉的效率可达到75％～80％；50 kW以上热水锅炉的效率可达到85％～90％；各种燃料污染物的排放浓度均很低，如图8.13所示。

图 8.13　利用生物质能供暖示意

8.2 热泵技术

热泵是以大自然中蕴藏的大量较低温度的低品位热能为热源(如以室外空气、地表水、地下水、城市污水、海水及地下土壤),通过压缩机的工作从这些热源中吸取其中蕴藏着的大量较低温度的低品位热能,并将其温度提高后再传递给高温热源。

热泵是通过动力驱动做功,从低温热源中取热,将其温度提升,送到高温处放热。由此可在夏天为空调提供冷源,在冬天为采暖提供热源。与在冬季直接燃烧燃料获取热量相比,热泵在某些条件下可降低能源消耗。热泵方式的关键问题是从哪种低温热源中有效地在冬季提取热量和在夏季向其排放热量。可利用的低温热源构成不同的热泵技术。热泵技术是直接燃烧一次能源而获得热量的主要替代方式,其减少了能源消耗,有利于环保。

热泵技术有如下优势:

(1)它能长期大规模地利用江河湖海、城市污水、工业污水、土壤或空气中的低温热能,可以把生产和生活中弃置不用的低温热能利用起来。

(2)它是目前最节省一次能源,如煤、石油、天然气等的供热系统,少量不可再生的能源将大量的低温热量提升为高温热量。

(3)它在一定条件下可以逆向使用,既可供热,也可制冷,即一套设备兼作热源和冷源。

8.2.1 热泵的分类

根据热泵所利用能源的不同,热泵可分为空气源热泵、水源热泵、地源热泵和复合热泵(太阳空气热源热泵系统、土壤水热泵系统和太阳能水源热泵系统)四类。除上述四类以外,还有喷射式热泵、吸收式热泵、工质变浓度容量调节式热泵及以二氧化碳为工质的热泵系统,其中最常用的为前三种。

8.2.2 空气源热泵

空气源热泵是指一种利用人工技术,将低温热能转化为高温热能,而达到供热效果的机械装置。空气源热泵由低温热源(如周围环境空气)吸收热能,然后转换为较高温热源释放至所需的空间内。这种装置既可用作供热采暖设备,又可用作制冷降温设备,从而达到一机两用的目的。

1. 空气源热泵的工作原理

压缩机将回流的低压冷媒压缩后,变成高温高压的气体排出,高温高压的冷媒气体流经缠绕在水箱外面的铜管,热量经铜管传导到水箱内,冷却下来的冷媒在压力的持续作用下变成液态,经膨胀阀后进入蒸发器,在蒸发器内液态冷媒迅速蒸发成其气态并吸收大量的热。同时,在风扇的作用下,大量的空气流过蒸发器外表面,空气中的能量被蒸发器吸收,空气温度迅速降低,变成冷气排进空调房间。随后吸收了一定能量的冷媒回流到压缩机,进入下一个循环。

空气源热泵使空气侧温度降低，将其热量转送至另一侧的空气或水中，使其温度升至采暖所要求的温度。由于此时电用来实现热量从低温向高温的提升，因此，当外温为 0 ℃时，一度电可产生约 3.5 kW/h 的热量，其效率为 350%。考虑发电的热电效率为 33%，空气源热泵的总体效率为 110%，高于直接燃煤或燃气的效率。该技术目前已经很成熟，实际上现在的窗式和分体式空调器中相当一部分（即通常的冷暖空调器）都已具有此功能。图 8.14 所示为空气源热泵机组。

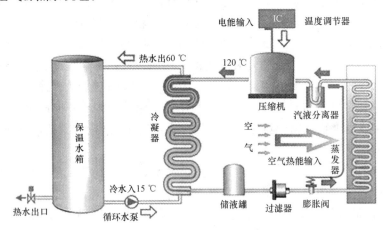

图 8.14　空气源热泵机组

2. 空气源热泵的技术性分析

与其他热泵相比，空气源热泵的主要优点在于其热源获取的便利性。只要有适当的安装空间，并且该空间具有良好的获取室外空气的能力，该建筑便具备了安装空气源热泵的基本条件。空气源热泵采暖的主要缺点和解决途径如下：

（1）热泵性能随室外温度降低而降低，当外温降至－10 ℃以下时，一般就需要辅助采暖设备蒸发器结霜的除霜处理，这一过程比较复杂且耗能较大。但是目前已有国内厂家通过优化的化霜循环智能化霜控制、智能化探测结霜厚度传感器、特殊的空气换热器形式设计及不结霜表面材料的研究，得到了陆续的解决。

（2）为适应外温在－10 ℃～5 ℃范围内的变化，需要压缩机在很大的压缩比范围内都具有良好的性能要求。这一问题的解决需要通过改变热泵循环方式，如中间补气、压缩机串联和并联转换等，在未来 10～20 年内有望解决。

（3）房间空调器的末端是热风而不是一般的采暖器，对于习惯常规采暖方式的人会感觉不太舒适，这可以通过采用户式中央空调与地板采暖结合等措施来改进，但初投资要增加。

8.2.3　地源热泵

地源热泵系统是指以岩土体（土壤源）、地下水、地表水为低温热源，有水源热泵机组、地热能交换系统、建筑物内管道系统组成的供热空调系统。其原理是依靠消耗少量的电力驱动压缩机完成制冷循环，利用土壤温度相对稳定（不受外界气候变化的影响）的特点，通过深埋土壤的环闭管线系统进行热交换，夏天向地下释放热量，冬天向地下吸收热量，从而实现制冷或采暖的要求。

根据地热能交换系统形式的不同，地源热泵系统可分为地埋管地源热泵系统、地下水地源热泵系统和地表水地源热泵系统三种。作为可再生能源的主要应用方向之一，地源热泵系统可利用浅层地能资源进行供热与空调，具有良好的节能与环境效益，近年来其在国内得到了日益广泛的应用。我国于 2005 年 11 月 30 日发布了《地源热泵系统工程技术规范（2009 年版）》(GB 50366—2005)，以确保地源热泵系统安全可靠地运行，更好地发挥其节能效益。地源热泵系统的分类如图 8.15 所示。

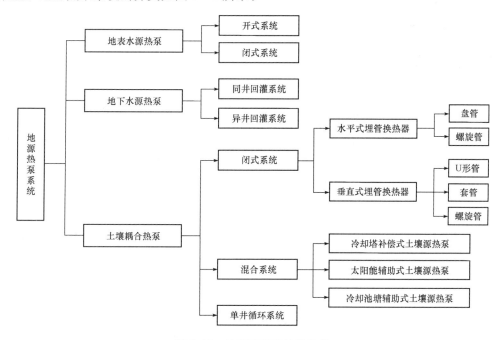

图 8.15　地源热泵系统的分类

1. 地埋管地源热泵系统

地埋管地源热泵系统也称土壤源热泵或地下水环热泵，通过在地下竖直或水平地埋入塑料管，利用水泵驱动水经过塑料管道循环，与周围的土壤换热，从土壤中提取热量或释放热量。在冬季通过这一换热器从地下取热，成为热泵的热源，为建筑物内部供热，如图 8.16 所示。

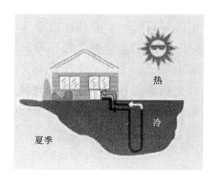
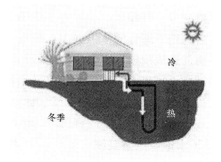

图 8.16　地埋管地源热泵系统冷热交换示意

在夏季通过这一换热器向地下排热（取冷），使其成为热泵的冷源，为建筑物内部供降温。实现能量的冬存夏用，或夏存冬用。图 8.17 和图 8.18 所示分别为竖式、水平卧式地埋管水环地源热泵，其中由于土方施工量小，是一种比较经济的埋放方式。竖直管埋深宜大于 20 m（一般为 30～150 m），钻孔孔径不宜小于 0.11 m，管与管的间距为 3～6 m，每根管可以提供的冷量和热量为 20～30 W/m。当具备这样的埋管条件，且初投资许可时，这样的方式在很多情况下是一种运动可靠且节约能源的好方式。

图 8.17　竖式地埋管水环地源热泵

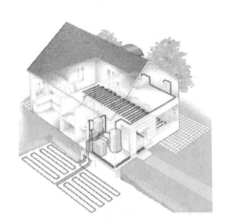

图 8.18　水平卧式地埋管水环地源热泵

在竖直埋管换热器中，目前应用最广泛的是单 U 形管。另外，还有双 U 形管，即把两根 U 形管放到同一个垂直井孔中。同样条件下双 U 形管的换热能力比单 U 形管要高 15% 左右，可以减少总打井数，节省人工费用。设计使用这一系统时，必须注意全年的冷热平衡问题。因为地下埋管的体积巨大，每根管只对其周围有限的土壤发生作用，如果每年因热量不平衡而造成积累，则会导致土壤温度逐年升高或降低。为此，应设置补充手段，例如增设冷却塔以排出多余的热量，或采用辅助锅炉补充热量的不足。地理管地源热泵系统设备投资高，占地面积大，对于市政热网不能达到的独栋或别墅类住宅有较大优势。对于高层建筑，由于建筑容积率高，可埋的地面面积不足，所以一般不适宜。

2. 地下水地源热泵系统

地下水地源热泵系统就是抽取浅层地下水（100 m 以内），经过热泵提取热量或冷量，再将其回灌到地下。在冬季，抽取的地下水经换热器降温后，通过回灌井回灌到地下，换热器得到的热量经热泵提升温度后成为采暖热源。在夏季，抽取的地下水经换热器升温后，通过回灌井回灌到地下，使换热器另一侧降温后成为空调冷源，如图8.19所示。

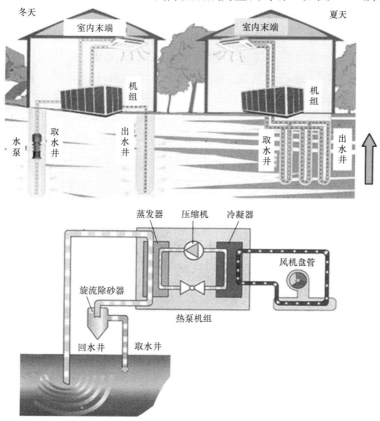

图 8.19　地下水地源热泵系统

由于取水和回水过程中仅通过中间换热器(蒸发器)，属全封闭方式，因此不会污染地下水源。由于地下水温常年稳定，采用这种方式，整个冬季气候条件都可实现1度电产生3.5 kW/h以上的热量，运行成本低于燃煤锅炉房供热，夏季还可使空调效率提高，降低30%～40%的制冷电耗。同时，此方式冬季可产生45 ℃的热水，仍可使用目前的采暖散热器。

土地的地质条件即所用的含水层深度、含水层厚度、含水层砂层粒度、地下水埋深、水力坡和水质情况等，会对系统的效能产生较大影响。一般来说，含水层太深，会影响整个地下系统的造价；但若是含水层的厚度太小，则会影响单井出水量，从而影响系统的经济性。因此，通常希望含水层深度在80～150 m以内。对于含水层的砂层粒度大、含水层的渗透系数大的地方，此系统可以发挥优势，原因是一方面单井的出水量大，另一方面灌抽比大，地下水容易回灌。所以，国内的地下水源热泵基本上都选择地下含水层为砾石和中粗砂区域，而避免在中细砂区域设立项目。另外，只要设计适当，地下水力坡度对地下水源热泵的影响不大，但对地下储能系统的储能效率影响很大。水质对地下水系统的材料有一定要求，咸地下水要求系统具有耐腐蚀性。

目前，普遍采用的有异井回灌和同井回灌两种技术。所谓异井回灌，是在与取水井有一定距离处单独设回灌井，把提取热量(冷量)的水加压回灌，一般是回灌到同一层，以维持地下水状况。同井回灌是利用一口井，在深处含水层取水，在浅处的另一个含水层回灌。回灌的水依靠两个含水层间的压差，经过渗透，穿过两个含水层间的固体介质，返回到取水层。

这种方式的主要问题是提取热量（冷量）的水向地下回灌时，必须保证最终把水全部回灌到原来取水的地下含水层，才能不影响地下水资源状况。把用过的水从地表排掉或排到其他浅层，都将破坏地下水状况，造成对水资源的破坏。另外，还要设法避免灌到地下的水很快被重新抽回，否则，水温就会越来越低（冬季）或越来越高（夏季），使系统性能恶化。

3. 地表水地源热泵系统

地表水地源热泵系统是采用湖水、河水、海水及污水处理厂处理后的中水作为水源热泵的热源实现冬季供热和夏季供冷的。这种方式从原理上看是可行的，但在实际工程中，主要存在冬季供热的可行性、夏季供冷的经济性，以及长途取水的经济性三个问题，而在技术上要解决水源导致换热装置结垢后引发换热性能恶化的问题。

冬季供热从水源中提取热量，就会使水温降低，这就必须防止水的冻结。如果冬季从温度仅为 5 ℃左右的淡水中提取热量，则除非水量很大，温降很小，否则很容易出现冻结事故。当从湖水或流量很小的河水中提水时，还要正确估算水源的温度保持能力，防止由于连续取水和提取热量，导致温度逐渐下降，最终产生冻结，如图 8.20 所示。

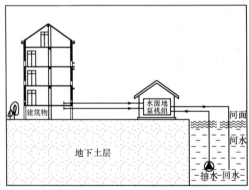

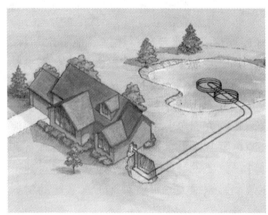

图 8.20　地表水地源热泵系统

8.3 空调器节能

制冷技术的发展使得目前分散空调方式中使用的空调器具有优良的节能特性，但在使用中空调器是否能耗很低，还要依赖于用户是否能"节能"地使用。这主要包括正确选用空调器的容量大小、正确安装和合理使用三个方面。

8.3.1 正确选用空调器的容量大小

空调器的容量大小要依据其在实际建筑环境中承担的负荷大小来选择，如果选择的空调器容量过大，则会造成使用中频繁启停，室内温场波动大，电能浪费和初投资过大；选择的空调器太小，又达不到使用要求。房间空调负荷受很多因素影响，计算比较复杂，这里不再介绍。

8.3.2 正确安装

空调器的耗电量与空调器的性能有关。同时，也与合理的布置、使用空调器有很大关系。图 8.21 所示为分窗式空调与分体式空调的正确安装方法，其具体说明空调器应如何布置，以充分发挥其效率。

8.3.3 合理使用

合理使用空调器，虽然是节能途径的最末端问题，但也同样重要。其包括以下两个方面：

(1)设定适宜的温度是保证身体健康、获取最佳舒适环境和节能的方法之一。室内温湿度的设定与季节和人体的舒适感密切相关。在夏季，环境温度为 22 ℃~28 ℃，相对湿度为 40%~70%并略有微风的环境中，人们会感到很舒适；在冬季，当人们进入室内，脱去外衣时，环境温度在 16 ℃~22 ℃，相对湿度高于 30%的环境中，人们会感到很舒适。从节能的角度看，夏季室内设定温度每提高 1 ℃，一般空调器可减少 5%~10%的用电量。

(2)加强通风，保持室内健康的空气质量。在夏季，一些空调房间为降低从门窗传进的热量，往往是紧闭门窗。由于没有新鲜空气补充，房间内的空气逐渐污浊，长时间会使人产生头晕乏力、精力不能集中的现象，各种呼吸道传染性疾病也容易流行。因此，加强通风，保持室内正常的空气新鲜是空调器用户必须注意的。一般情况下，可利用早晚比较凉爽的时候开窗换气，或在没有直射阳光的时候通风换气，或者选用具有热回收装置的设备来强制通风换气。

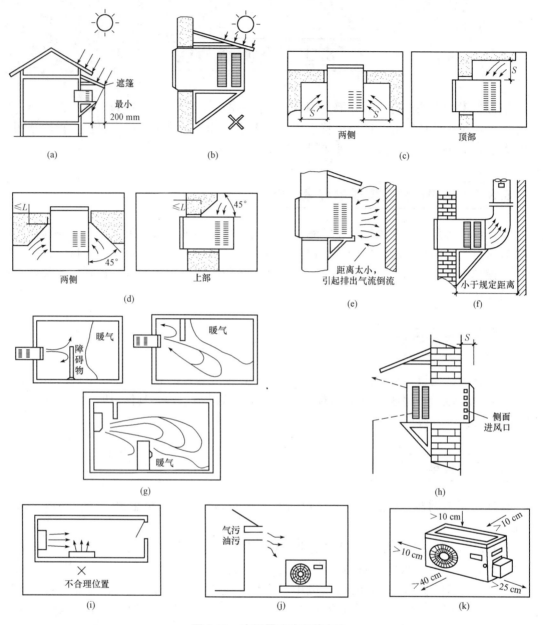

图 8.21　空调器正确安装方法

(a)空调器应避免受阳光直射；(b)遮篷不能装得太低；(c)空调器两侧及顶部百叶窗外露；

(d)厚墙改造；(e)冷凝器出风口不应受阻；(f)附加风管帮助排气；(g)障碍物对气流的影响；

(h)侧面进风口应露在墙外；(i)窄长房间合理的安装位置；(j)安装位置避免油污；(k)室外机安装的空间要求

8.4　户式中央空调节能

8.4.1　户式中央空调产品

户式中央空调主要是指制冷量在 8~40 kW(适用居住面积 100~400 m² 使用)的集中处

理空调负荷的系统形式。空调用冷热量通过一定的介质输送到空调房间里去。户式中央空调产品可分为单冷型和热泵型两种。由于热泵系统的节能特性，以及在冬、夏两个季节都可以使用的优点，所以本节主要介绍热泵型。

1. 小型风冷热泵冷热水机组

小型风冷热泵冷热水机组属于空气-空气热泵机组。其室外机组靠空气进行热交换，室内机组产生出空调冷水、热水，由管道系统输送到空调房间的末端装置。在末端装置处，冷、热水与房间空气进行热量交换，产生冷风、热风，从而实现房间的夏季供冷和冬季供暖。它属于一种集中产生冷水、热水，但分散处理各房间负荷的空调系统形式。

该种机组体积小，在建筑上安放方便。由于冷、热管所占空间小，一般不受层高的限制；室内末端装置多为风机盘管，一般有风机调速和水量旁通等调节措施，因此，该种形式可以对每个房间进行单独调节，而且室内噪声较小。它的主要缺点是：性能系数不高，主机容量调节性能较差，特别是部分负荷性能较差。绝大多数产品均为启停控制，部分负荷性能系数更低，因而造成运行能耗及费用高；噪声较大，特别是在夜晚，难以满足居室环境的要求；初投资比较大。

2. 风冷热泵管道式分体空调全空气系统

风冷热泵管道式分体空调全空气系统利用风冷热泵分体空调机组为主机，属于空气-空气热泵。该系统的输送介质为空气，其原理与大型全空气中央空调系统基本相同。室外机产生的冷、热量，通过室内机组将室内回风(或回风与新风的混合气体)进行冷却或加热处理后，通过风管送入空调房间消除冷、热负荷。这种机组有两种形式：一种是室内机组为卧式，可以吊装在房间的楼板或吊顶上，通常称为管道机；另一种室内机为立式(柜机)，可安装在辅助房间的走道或阳台上，这种机组通常称为风冷热泵。

这种系统的优点是：可以获得高质量的室内空气品质，在过渡季节可以利用室外新风实现的全新风运行；相对于其他几种户式中央空调系统，造价较低。其主要缺点是：能效比不高，调节性能差，运行费用高，如果采用变风量末端装置，会使系统的初投资大大上升；由于需要在房间内布置风管，要占用一定的使用空间，对建筑层高要求较高；室内噪声大，大多数产品的噪声在50 dB以上，需要采用消声措施。

3. 多联变频变制冷剂流量热泵空调系统

变制冷剂流量(Variable Refrigerant Volume，VRV)空调系统，是一种制冷剂式空调系统，它以制冷剂为输送介质，属于空气-空气热泵。该系统由制冷剂管路连接的室外机和室内机组成，室外机由室外侧换热器、压缩机和其他制冷附件组成，一台室外机通过管路能够向多个室内机输送制冷剂，通过控制压缩机的制冷剂循环量和进入室内各个换热器的制冷剂流量，可以适时地满足空调房间的需求。其系统形式如图8.22所示。

VRV系统不仅适用于独立的住宅，也可用于集合式住宅。其主要优点是：其制冷剂管路小，便于埋墙安装或进行伪装；系统采用变频能量调节，部分负荷能效比高，运行费用低。其主要缺点是初投资高，是户式空调器的2～3倍；系统的施工要求高，难度大，从管材材质、制造工艺、零配件供应到现场焊接等要求都极为严格。

4. 水源热泵空调系统

水源热泵空调系统由水源热泵机组和水环路组成。根据室内侧换热介质的不同，有直接加热或冷却空气的水-空气热泵系统；机组室内侧产生冷热水，然后送到空调房间的末端

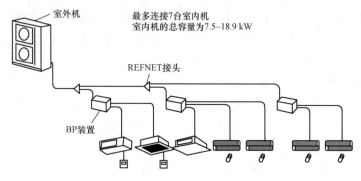

图 8.22　VRV 系统示意图

装置，对空气进行处理的水-水热泵系统。

水源热泵机组以水为热泵系统的低品位热源，可以利用江河湖水、地下水、废水或与土壤耦合换热的循环水。这种机组的最大特点是能效比高、节省运行费用。同时，它解决了风冷式机组冬季室外换热器的结霜问题，以及随室外气温降低，供热需求上升而制热能力反而下降的供需矛盾问题。

水源热泵系统既可按成栋建筑设置，也可单家独户设置。其地下埋管可环绕建筑布置，也可布置在花园、草坪、农田下面；所采用塑料管（或复合塑料管）制作的埋管换热器，其寿命可达 50 年以上。水源热泵系统的主要问题是：要有适宜的水源；有些系统冬季需要另设辅助热源；土壤源热泵系统的造价较高。

8.4.2　户式中央空调能耗分析

户式中央空调通常是家庭中最大的能耗产品，所以，在具有很高的可靠性的同时，必须具有较好的节能特性。多年的使用经验证明，热泵机组在使用寿命期间的能耗费用，一般是初投资的 5～10 倍。能耗指标是考虑机组可靠性之后的首要指标。由于户式中央空调极少在满负荷下运行，故应特别重视其部分负荷性能指标。

机组具有良好的能量调节措施，不仅对提高机组的部分负荷效率、节能具有重要意义，而且对延长机组的使用寿命、提高其可靠性也有好处。前面介绍的几种户式中央空调产品中，除 VRV 系统需要采用变频调速压缩机和电子膨胀阀实现制冷剂流量无级调节外，其他机组控制都比较简单。机组具体的能量调节方法有以下几种：

（1）开关控制。目前的机组 90% 以上都是采用这种控制方法，压缩机频繁启停，增加了能耗，且降低了压缩机的使用寿命；

（2）20 kW 以上的热泵机组有的采用双压缩机、双制冷剂回路，能够实现 0、50%、100% 能量调节，两套系统可以互为备用，冬季除霜时，可以提供 50% 的供热量，但系统复杂、初投资大；

（3）有的管道机采用多台并联压缩机及制冷剂回路，压缩机与室内机一一对应；

（4）管道机的室内机有高、中、低三挡风量可调。

另外，户式中央空调还需注意选择空气侧换热器的形状与风量，以及水侧换热器的制作与安装，以期达到最佳的节能效果。

8.4.3　中央空调系统节能

中央空调系统的节能途径与采暖系统的相似，可主要归纳为两个方面：一是系统自身，即在建造方面采用合理的设计方案并正确地进行安装；二是依靠科学的运行管理方法，使空调系统真正地为用户节省能源。

1. 系统负荷设计

目前，在中央空调系统设计时，采用负荷指标进行估算，并且出于安全的考虑，指标往往取得过大，负荷计算也不详尽，结果造成了系统的冷热源、能量输配设备、末端换热设备的容量都大大地超过了实际需求，既增加了投资，在使用上也不节能。所以，设计人员应仔细地进行负荷分析计算，力求与实际需求相符。

计算机模拟表明，深圳、广州、上海等地区夏季室内温度低1℃或冬季高1℃，暖通空调工程的投资约增加6%，其能耗将增加8%左右。另外，过大的室内外温差也不符合卫生的要求。《夏热冬冷地区居住建筑节能设计标准》(JGJ 134—2010)规定，夏季室内温度取26℃～28℃，冬季取16℃～18℃。设计时，在满足要求的前提下，夏季应尽可能取上限值，冬季尽可能取下限值。

除室内设计温度外，合理选取相对湿度的设计值及温湿度参数的合理搭配也是降低设计负荷的重要途径，特别是在新风量要求较大的场合，适当提高相对湿度，可大大降低设计负荷，而在标准范围内($p=40\%～65\%$)，提高相对湿度设计值对人体的舒适影响甚微。

新风负荷在空调设计负荷中要占到空调系统总能耗的30%甚至更高。向室内引入新风的目的是稀释各种有害气体，保证人体的健康。在满足卫生条件的前提下，减小新风量，有显著的节能效果。设计的关键是提高新风质量和新风利用效率。利用热交换器回收排风中的能量，是减小新风负荷的一项有力措施。按照空气量平衡的原理，向建筑物引入一定量的新风，必然要排除基本上相同数量的室内风，显然，排风的状态与室内空气状态相同。如果在系统中设置热交换器，则最多可节约处理新风耗能量的70%～80%。据日本空调学会提供的计算资料表明，以单风道定风量系统为基准，加装全热交换器以后，夏季8月份可节约冷量约25%，冬季1月份可节约加热量约50%。排风中直接回收能量的装置有转轮式、板翅式、热管式和热回收回路式等。在我国，采用热回收以节约新风能耗的空调工程很少。

2. 冷热源节能

冷热源在中央空调系统中被称为主机，其能耗是构成系统总能耗的主要部分。目前，采用的冷热源形式主要有以下几种：

(1)电动冷水机组供冷和燃油锅炉供热，供应能源为电和轻油；

(2)电动冷水机组供冷和电热锅炉供热，供应能源为电；

(3)风冷热泵冷热水机组供冷、供热，供应能源为电；

(4)蒸汽型溴化锂吸收式冷水机组供冷、热网蒸汽供热，供应能源为热网蒸汽、少量的电；

(5)直燃型溴化锂吸收式冷热水机组供冷、供热，供应能源为轻油或燃气、少量的电；

(6)水环热泵系统供冷、供热，辅助热源为燃油、燃气锅炉等，供应能源为电、轻油或燃气。其中，电动制冷机组(或热泵机组)根据压缩机的形式不同，又可分为往复式、螺杆式、离心式三种。

在这些冷热源形式中，消耗的能源有电能、燃气、轻油、煤等，衡量它们的节能性时，需要将这些能源形式全部折算成同一种一次能源，并用一次能源效率来进行比较。

3. 冷热源的部分负荷性能及台数配置

不同季节或在同一天中不同的使用情况下，建筑物的空调负荷是变化的。冷热源所提供的冷热量在大多数时间都小于负荷的 80%，这里还没有考虑设计负荷取值偏大的问题。这种情况下机组的工作效率一般要小于满负荷运行效率。所以，在选择冷热源方案时，要重视其部分负荷效率性能。另外，机组工作的环境热工状况也对其运行效率有一定的影响。例如，风冷热泵冷热水机组在夏季夜间工作时，因空气温度比白天低，其性能也要好于白天；水冷式冷水机组主要受空气湿度温度影响，而风冷机组主要受干球温度的影响，一般情况下，风冷机组在夜间工作就更为有利。

根据建筑物负荷的变化合理地配置机组的台数及容量大小，可以使设备尽可能满负荷高效地工作。例如，某建筑的负荷在设计负荷的 60%～70% 时出现的频率最高，如果选用两台同型号的机组，就不如选三台同型号机组，或一台 70%、一台 30% 一大一小两台机组，因为后两种方案可以让两台或一台机组满负荷运行来满足该建筑物大多数时候的负荷需求。《公共建筑节能设计标准》(GB 50189—2015)规定，冷热源机组台数不宜少于 2 台，冷热负荷较大时也不应超过 4 台，为了运行时节能，单机容量大小应合理搭配。

采用变频调速等技术，使冷热源机组具有良好的能量调节特性，是节约冷热水机组耗电的重要技术手段。生活中的电源频率为 50 Hz(220 V)是固定的，但变频空调因装有变频装置，就可以改变压缩机的供电频率。提升频率时，空调器的心脏部件压缩机便高速运转，输出功率增大；反之，降低频率时，可抑制压缩机输出功率。因此，变频空调可以根据不同的室内温度状况，以最合适的输出功率进行运转，以此达到节能的目的；同时，当室内温度达到设定值后，空调主机则以能够准确保持这一温度的恒定速度运转，实现"不停机运转"，从而保证环境温度的稳定与舒适。定速空调与变频空调的区别见表 8.1。

表 8.1　定速空调与变频空调的区别

序号	项目	定速空调	变频空调
1	适应负荷的能力	不能自动适应负荷变化	自动适应负荷的变化
2	温控精度	开/关控制，温度波动范围达 2 ℃	降频控制，温度波动范围为 1 ℃
3	启动性能	启动电流大于额定电流	软启动，启动电流很小
4	节能性	开/关控制，不省电	自动以低频维持，省电 30%
5	低电压运转性能	180 V 以下很难运转	低至 150 V 也可正常运转
6	制冷、制热速度	慢	快
7	热冷比	≤120%	≥140%
8	低温制热效果	0 ℃ 以下效果差	−10 ℃ 时效果仍好
9	化霜性能	差	准确而快速，只需常规空调一半的时间
10	除湿性能	定时开/关控制，除湿时有冷感	低频运转，只除湿不降温，健康除湿
11	满负荷运转	无此功能	自动以高频强劲运转

序号	项目	定速空调	变频空调
12	保护功能	简单	全面
13	自动控制性能	简单	真正模糊化、神经网络化

4. 水系统节能

空调中水系统的用电，在冬季供暖期占动力用电的 $20\%\sim25\%$，在夏季供冷期占动力用电的 $12\%\sim24\%$。因此，降低空调水系统的输配用电是中央空调系统节约用电的一个重要环节。

我国的一些高层宾馆、饭店空调水系统普遍存在着不合理的大流量小温差问题。冬季供暖水系统的供水、回水温差：较好情况为 $8\ ℃\sim10\ ℃$，较差的情况只有 $3\ ℃$。夏季冷冻水系统的供水、回水温差，较好情况也只有 $3\ ℃$ 左右。根据造成上述现象的原因，可以从以下几个方面逐步解决，最终使水系统在节能状态下工作：

(1)各分支环路的水力平衡。对空调供冷、供暖水系统，无论是建筑物内的管路，还是建筑物之外的室外管网，均需按设计规范要求认真计算，使各个环路之间符合水力平衡要求。系统投入运行之前必须进行调试，所以，在设计时必须设置能够准确地进行调试的技术手段，例如，在各环路中设置平衡阀等平衡装置，以确保在实际运行中，各环路之间达到较好的水力平衡。

(2)设置二次泵。如果某个或某几个支环路比其余环路压差相差悬殊，则此环路就应增设二次循环水泵，以避免整个系统为满足这些少数高阻力环路需要，而选用高扬程的总循环水泵。

(3)变流量水系统。为了系统节能，目前大规模的空调水系统多采用变流量系统，即通过调节二通阀改变流经末端设备的冷冻水流量来适应末端用户负荷的变化，从而维持供水、回水温差稳定在设计值；采用一定的手段，使系统的总循环水量与末端的需求量基本一致；保持通过冷水机组蒸发器的水流量基本不变，从而维持蒸发温度和蒸发压力的稳定。

5. 风系统节能

在空调系统中，风系统中的主要耗能设备是风机。风机的作用是促使被处理的空气流经末端设备时进行强制对流换热，将冷水携带的冷量取出并输送至空调房间，用于消除房间的热湿负荷。被处理的空气可以是室外新风、室内循环风、新风与回风的混合风。风系统节能措施可从以下几个方面考虑：

(1)正确选用空气处理设备。根据空调机组风量、风压的匹配，选择最佳状态点运行，不宜过分加大风机风压，以降低风机功率。另外，应选用漏风量及外形尺寸小的机组。国家相关标准规定，在 $700\ Pa$ 压力时的漏风量不应大于 3%。实测证明，漏风量为 5%，风机功率增加 16%；漏风量为 10%，风机功率增加 33%。

(2)注意选用节能性好的风机盘管。

(3)设计选用变风量系统。变风量系统是通过改变送入房间的风量来满足室内变化的负荷要求，用减小风量来降低风机能耗。变风量系统出现以后并没有得到迅速推广，目前这种节能系统在发达国家得到广泛应用。

由于变风量系统通过调节送入房间的风量来适应负荷的变化，在确定系统总风量时，还可以考虑一定的同时使用情况，所以能够节约风机运行能耗和减少风机装机容量，系统的灵活性较好。变风量系统属于全空气系统，它具有全空气系统的一些优点：可以利用新风消除室内负荷，没有风机盘管凝水问题和霉变问题。变风量系统存在的缺点是：在系统风量变小时，有可能不能满足室内新风量的需求，影响房间的气流组织；系统的控制要求高，不易稳定；投资较高等。这些都必须依靠设计者在设计时周密考虑，才能达到既满足使用要求又节能的目的。

6. 中央空调系统节能新技术

(1)"大温差"技术。"大温差"是指空调送风或送水的温差比常规空调系统采用的温差大。大温差送风系统中，送风温差达到 14 ℃～20 ℃；冷却水的大温差系统，冷却水温差达到 8 ℃左右；当媒介携带的冷量加大后，循环流量将减小，可以节约一定的输送能耗并降低输送管网的初投资。大温差技术是近几年刚刚发展起来的新技术，具体实施的项目不是很多。但由于其显著的节能特性，随着研究的深入和设计上的成熟，大温差系统必然会得到更为广泛的应用。

我国采用这种新技术的典型工程有上海万国金融大厦、上海浦东国家金融大厦等，在常规空调系统中采用了冷冻水大温差系统，循环参数分别为 6.7/14.4 ℃和 5.6/15.6 ℃；上海金茂大厦采用了送风大温差设计等。空调大温差技术的应用已经引起了国内空调界的广泛关注。

(2)冷却塔供冷技术。冷却塔供冷技术是指在室外空气湿球温度较低时，关闭制冷机组，利用流经冷却塔的循环水直接或间接地向空调系统供冷，提供建筑物所需要的冷量，从而节约冷水机组的能耗。这种技术又称为免费供冷技术，它是近年来国外发展较快的节能技术。其工作原理如图 8.23 所示。

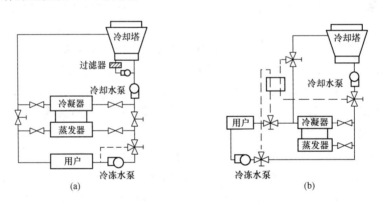

图 8.23　冷却塔供冷系统原理
(a)直接供冷；(b)间接供冷

由于冷却水泵的扬程不能满足供冷要求、水流与大气接触时的污染问题等，一般情况下较少采用直接供冷方式。采用间接供冷时，需要增加板式热交换器和少量的连接管路，但投资并不会增大很多。同时，由于增加了热交换温差，使得间接供冷时的免费供冷时间减少了。这种方式比较适用于全年供冷或供冷时间较长的建筑物，如城市中心区的智能化办公大楼等内部负荷极高的建筑物。以美国的圣路易斯某办公试验综合楼为例，其要求全年供冷，冬季供冷量为 500 冷吨。该系统设有 2 台 1 200 冷吨的螺杆式机组和 1 台 800 冷吨的离心式机组，以满足夏季冷负荷。冷却塔配备有变速电动机，循环水量为 694 L/s。为节约运行费用，1986年将大楼的空调水系统改造成能实现冷却塔间接免费供冷的系统，当室外干、湿球温度分别降到 15.6 ℃和 7.2 ℃时转入免费供冷，据此每年节约运行费用达到 12.5 万美元。

8.5 蓄冷空调系统

8.5.1 概述

蓄冷概念就是空调系统在不需要冷量或需冷量少的时间（如夜间），利用制冷设备将蓄冷介质中的热量移出，进行冷量储存，并将此冷量用在空调用冷或工艺用冷高峰期。这就好像在冬天将天然冰深藏于地窖之中供来年夏天使用一样。蓄冷介质可以是水、冰或共晶盐。这一概念是和平衡电力负荷即"削峰填谷"的概念相联系的。现代城市的用电状况是：一方面，在白天存在用电高峰，供电能力不足，为满足高峰用电不得不新建电厂；另一方面，夜间的用电低谷时又有电送不出去，电厂运行效率很低。因此，蓄冷系统的特点是：转移制冷设备的运行时间，这样一方面可以利用夜间的廉价电；另一方面，也减少了白天的峰值电负荷，达到移峰填谷的目的。

8.5.2 全负荷蓄冷与部分负荷蓄冷的概念

除某些特殊的工业空调系统外，商业建筑空调或一般工业建筑用空调均非全日空调，通常空调系统每天只运行 $10\sim14$ h，而且几乎都在非满负荷下工作。图 8.24 中 A 部分为某建筑物设计日空调负荷图。如果不采用蓄冷系统，制冷机组的制冷量应满足瞬时最大负荷时的需要，即 q_{max} 为应选机组的容量。当采用蓄冷时，通常有两种方法，即全部蓄冷与部分蓄冷。全负荷蓄冷是将用电高峰期的冷负荷全部转移到用电低谷期，全天所需冷量 A 均由用电低谷时期所蓄的冷量供给，即图中 B＋C 的面积等于 A 的面积，在用电高峰期间制冷机不运行。全负荷蓄冷系统需设置制冷机组和蓄冷装置。虽然它运行费用低，但设备投资高，蓄冷装置占地面积大，除峰值需冷量大且用冷时间短的建筑外，一般不宜采用。

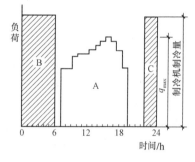

图 8.24 全负荷蓄冷示意

部分负荷蓄冷就是全天所需冷量中一部分由蓄冷装置提供，如图 8.25 所示。在用电低谷的夜间，制冷机运行蓄存一定冷量，补充用电高峰时所需的部分冷量，高峰期机组仍然运行满足建筑全部冷负荷的需要，即图中的 B＋C 的面积等于 A_1 面积。这种部分负荷蓄冷方式，相当于将一个工作日中的冷负荷被制冷机组均摊到全天来承担。所以，制冷机组的容量最小，蓄冷系统比较经济、合理，是目前较多采用的方法。

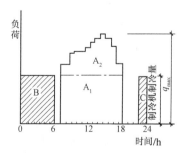

图 8.25 部分负荷蓄冷示意

8.5.3 蓄冷设备

蓄冷设备一般可分为显热式蓄冷和潜热式蓄冷。表 8.2 为具体分类情况。蓄冷介质最常用的有水、冰和其他相变材料，不同蓄冷介质有不同的单位体积蓄冷能力和不同的蓄冷温度。

表 8.2　显热式蓄冷和潜热式蓄冷分类情况

分类	类型	蓄冷介质	蓄冷流体	取冷流体
显热式	水蓄冷	水	水	水
潜热式	冰盘管（外融冰）	冰或其他共晶盐	制冷剂	水或载冷剂
			载冷剂	
	冰盘管（内融冰）	冰或其他共晶盐	载冷剂	载冷剂
			制冷剂	制冷剂
	封装式	冰或其他共晶盐	水	水
			载冷剂	载冷剂
	片冰滑落式	冰	制冷剂	水
	冰晶式	冰	制冷剂	载冷剂
			载冷剂	

(1)水。显热式蓄冷以水为蓄冷介质，水的比热为 4.184 kJ/(kg·K)。蓄冷槽的体积取决于空调回水与蓄冷槽供水之间的温差，大多数建筑的空调系统，此温差可为 8 ℃～11 ℃。水蓄冷的蓄冷温度为 4 ℃～6 ℃，空调常用冷水机组可以适应此温度。从空调系统设计上，应尽可能提高空调回水温度，以充分利用蓄冷槽的体积。

(2)冰。冰的溶解潜热为 335 kJ/kg，所以，冰是很理想的蓄冷介质。冰蓄冷的蓄存温度为水的凝固点 0 ℃。为了使水冻结，制冷机应提供−3 ℃～−7 ℃的温度，它低于常规空调用制冷设备所提供的温度。在这样的系统中，蓄冰装置可以提供较低的空调供水温度，有利于提高空调供水、回水温差，以减小配管尺寸和水泵电耗。

(3)共晶盐。为了提高蓄冷温度，减少蓄冷装置的体积，可以采用除冰以外的其他相变材料。目前常用的相变材料为共晶盐，即无机盐与水的混合物。对于作为蓄冷介质的共晶盐，有如下要求：

1)融解或凝固温度为 5 ℃～8 ℃。

2)融解潜热大，导热系数大。

3)相对密度大。

4)无毒，无腐蚀。

8.5.4 蓄冷空调技术

(1)盘管式蓄冷装置。盘管式蓄冷装置是由沉浸在水槽中的盘管构成换热表面的一种蓄冷设备。在蓄冷过程中，载冷剂(一般系质量分数为 25％的乙烯乙二醇水溶液)或制冷剂在盘管内循环，吸收水槽中水的热量，在盘管外表面形成冰层。按取冷方式，分为内融冰和外融冰两种方式。

1）内融冰方式：来自用户或二次换热装置的温度较高的载冷剂仍在盘管内循环，通过盘管表面将热量传递给冰层，使盘管外表面的冰层自内向外逐渐融化进行取冷，故称为内融冰方式。这种方式融冰换热热阻较大，影响取冷速率。为了解决此问题，目前多采用细管、薄冰层蓄冷。

2）外融冰方式：温度较高的空调回水直接送入盘管表面结有冰层的蓄冷水槽，使盘管表面上的冰层自外向内逐渐融化，故称为外融冰方式。这种方式换热效果好、取冷快，来自蓄冰槽的供水温度可低达 1 ℃左右。另外，空调用冷水直接来自蓄冰槽，故可不需要二次换热装置，但需采取搅拌措施，以促进冰层均匀融化。

（2）封装式冰蓄冷装置。将蓄冷介质封装在球形或板形小容器内，并将许多此种小蓄冷容器密集地放置在密封罐或槽体内，从而形成封装式蓄冷装置，如图 8.26 所示。运行时，载冷剂在球形或板形小容器外流动，将其中蓄冷介质冻结、蓄冷，或使其融解、取冷。

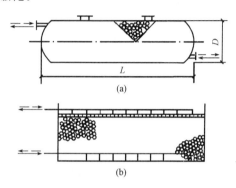

图 8.26　封装式冰蓄冷装置

封装在容器内的蓄冷介质有冰或其他相变材料两种。封装冰目前有三种形式，即冰球、冰板和蕊芯折褶式冰球。此种蓄冷装置运行可靠，流动阻力小，但载冷剂充注量比较大。目前，冰球和蕊芯褶囊冰球式蓄冷系统应用较为普遍。

（3）片冰滑落式蓄冷装置。片冰滑落式蓄冷装置就是在制冷机的板式蒸发器表面上不断冻结薄片冰，然后滑落至蓄冷水槽内进行蓄冷，此种方法又称为动态制冰。图 8.27 所示为片冰滑落式蓄冷装置示意图。其中，图 8.27（a）所示为片冰冻结及蓄冷过程；图 8.27（b）所示为取冷过程。

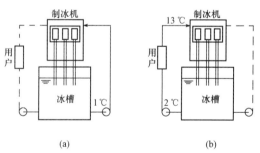

图 8.27　片冰滑落式蓄冷装置示意

片冰滑落式系统由于仅冻结薄片冰，可高运转率地反复快速制冷，因此能提高制冷机的蒸发温度，可比采用冰盘管提高 2 ℃～3 ℃。制成的薄片冰或冰泥可在极短时间内融化，取冷供水温度低，融冰速率极快，特别适用于工业过程及渔业冷冻。但该种蓄冷装置初投资较高，且需要层高较高的机房。

（4）冰晶式蓄冷装置。冰晶式蓄冷系统是将低浓度的乙烯乙二醇或丙二醇的水溶液降至冻结点温度以下，使其产生冰晶。冰晶是极细小的冰粒与水的混合物，其形成过程类似于雪花，可以用泵输送。该系统须使用专门生产冰晶的制冰机和特殊设计的蒸发器，单台最大制冷能力不超过 100 冷吨。蓄冷时，从蒸发器出来的冰晶送至蓄冰槽内蓄存；释冷时，冰粒与水的混合溶液被直接送到空调负荷端使用，升温后回到蓄冰槽，将槽内的冰晶融化成水，完成释冷循环。冰晶式蓄冷系统如图 8.28 所示。

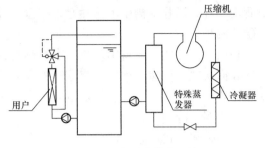

图 8.28　冰晶式蓄冷系统

在混合液中，由于冰晶的颗粒细小且数量很多，因此与水的接触换热面积很大，冰晶的融化速度较快，可以适应负荷急剧变化的场合。该系统适用于小型空调系统。

8.6　通风系统节能

8.6.1　自然通风

1. 自然通风技术的优势

自然通风是当今建筑普遍采取的一项改革建筑热环境、节约空调能耗的技术，采用自然通风方式的根本目的就是取代（或部分取代）空调制冷系统。而这一取代过程有两点至关重要的意义：一是实现有效被动式制冷，当室外空气温湿度较低时，自然通风可以在不消耗不可再生能源的情况下降低室内温度，带走潮湿气体，达到人体热舒适。即使室外空气的温湿度超过舒适区，需要消耗能源进行降温降湿处理，也可以利用自然通风输送处理后的新风，而省去风机能耗且无噪声，有利于减少能耗、降低污染，符合可持续发展的要求。二是可以提供新鲜、清洁的自然空气，有利于人的生理和心理健康。室内空气品质的低劣在很大程度上是由于缺少充足的新风。空调所造成的恒温环境也使得人体抵抗力下降，引发各种"空调病"。而自然通风可以排除室内污浊的空气，同时还有利于满足人和大自然交往的心理需求。

2. 自然通风技术的原理及应用

自然通风是一项古老的技术，与复杂、耗能的空调技术相比，自然通风是能够适应气候的一项廉价而成熟的技术措施。通常认为，自然通风具有三大主要作用，即提供新鲜空气；生理降温；释放建筑结构中蓄存的热量。

自然通风是在压差推动下的空气流动。根据进出口位置，自然通风可以分为单侧的自然通风和双侧的自然通风；根据压差形成的机理，可以分为风压作用下的自然通风和热压作用下的自然通风。

（1）风压作用下自然通风的形成过程。当有风从左边吹向建筑时，建筑的迎风面将受到空气的推动作用形成正压区，推动空气从该侧进入建筑；而建筑的背风面，由于受到空气绕流影响形成负压区，吸引建筑内空气从该侧的出口流出，这样就形成了持续不断的空气流，成为风压作用下的自然通风。

(2)热压作用下的自然通风的形成过程。当室内存在热源时，室内空气将被加热，密度降低，并且向上浮动，造成建筑内上部空气压力比建筑外大，导致室内空气向外流动，同时在建筑下部，不断有空气流入，以填补上部流出的空气所让出的空间，这样形成的持续不断的空气流就是热压作用下的自然通风。

3. 自然通风的使用条件

(1)室内得热量的限制。应用自然通风的前提是室外空气温度比室内的高，通过室内空气的通风换气，将室外风引入室内，降低室内空气的温度。显然，室内、外空气温差越大，通风降温的效果越好。对于一般的依靠空调系统降温的建筑而言，应用自然通风系统可以在适当时间降低空调运行负荷，如空调系统在过渡季节的全新风运行。对于完全依靠自然通风系统进行降温的建筑，其使用效果则取决于很多因素，建筑的得热量是其中的一个重要因素，得热量越大，通过降温达到室内舒适要求的可能性越小。现在的研究结果表明，完全依靠自然通风降温的建筑，其室内的得热量最好不要超过 40 W/m^2。

(2)建筑环境的要求。应用自然通风降温措施后，建筑室内环境在很大程度上依靠室外环境进行调节，除空气的温度、湿度参数外，室内的噪声控制也将被室外环境所破坏。根据目前的一些标准要求，采用自然通风的建筑，其建筑外的噪声不应该超过 70 dB；尤其在窗户开启的时候，应该保证室内周边地带的噪声不超过 55 dB。同时，自然通风进风口的室外空气质量应该满足有关卫生要求。

(3)建筑条件的限制。应用自然通风的建筑，在建筑设计上应该参考以上两点要求，充分发挥自然通风的优势。具体的建议见表 8.3。

表 8.3　使用自然通风时的建筑条件

建筑位置	
周围是否有交通干道、铁路等	一般认为，建筑的立面应该离开交通干道 20 m，以避免进风空气的污染或噪声干扰；或者，在设计通风系统时，将靠近交通干道的地方作为通风的排风侧
地区的主导风向与风速	根据当地的主导风向与风速确定自然通风系统的设计，特别注意建筑是否处于周围污染空气的下游
周围环境	由于城市环境与乡村环境不同，对建筑通风系统的影响也不同，特别是建筑周围的其他建筑或障碍物将影响建筑周围的风向和风速、采光和噪声等
建筑形状	
形状	建筑的宽度直接影响自然通风的形式和效果。建筑宽度不超过 10 m 的建筑，可以使用单侧通风方法；宽度不超过 15 m 的建筑，可以使用双侧通风方法；否则，将需要其他辅助措施，例如烟囱结构或机械通风与自然通风的混合模式等
建筑朝向	为了充分利用风压作用，系统的进风口应该针对建筑周围的主导风向。同时，建筑的朝向还涉及减少得热措施的选择
开窗面积	系统进风侧外墙的窗墙比应兼顾自然采光和日射得热的控制，一般为 30%～50%
建筑结构形式	建筑结构可以是轻型、中型或重型结构。对于中型或重型结构，由于其热惰性比较大，可以结合晚间通风等技术措施改善自然通风系统的运行效果
建筑内部设计	
层高	比较大的层高有助于利用室内热负荷形成的热压，加强自然通风
室内分隔	室内分隔的形式直接影响通风气流的组织和通风量
建筑内竖直通道或风管	可以利用竖直通道产生的烟囱效应有效组织自然通风

室内人员	
室内人员密度和设备、照明得热的影响	对于建筑得热超过 40 W/m² 的建筑，可以根据建筑内热源的种类和分布情况，在适当的区域分别设置自然通风系统和机械制冷系统
工作时间	工作时间将影响其他辅助技术的选择（如晚间通风系统）

（4）室外空气湿度的影响。应用自然通风可以对室内空气进行降温，却不能调节或控制室内空气的湿度，因此，自然通风一般不能在非常潮湿的地区使用。

8.6.2 机械通风

在办公建筑中，机械通风往往融合在空调系统中，通过新风量的调节和控制，使房间达到一定的通风量，满足室内的新风需求。机械通风需要消耗能量，但其通风量稳定且可调节控制，通风时间不受上、下班时间的限制，可通过空调系统的送排风管路，利用夜间通风来冷却建筑物的蓄热，缓解白天的供冷需求，最终达到降低建筑运行能耗的目的。

一般办公建筑的平面空间布局有两种典型形式：一种是大空间办公室，通常采用全空气普通集中式空调系统，具有集中的排风管路，可以直接利用送风管路进行夜间送新风，利用排风管路排风，保持室内压力平衡及通风的顺利进行；另一种平面空间布局是走廊式空间布局，在走廊两侧或一侧布置许多小空间独立办公室，这样的办公建筑通常采用风机盘管半集中式空调系统，由于半集中式空调系统没有集中的排风管路，在这种既有办公建筑中利用夜间机械通风降温受到很大的限制，因此，需要采取一些措施使这种节能技术得以使用。通常可以采取走廊排风的简单办法，即每间办公室在下班后将门上的通风口打开，夜间利用新风管路送风时，排风通过门上的通风口排向走廊，再通过楼梯间或走廊尽头的外窗排向室外，以保持各办公室室内压力平衡及通风的顺利进行，同时不影响办公室在非工作时段的防盗安全要求。既有办公建筑可由空调系统运行管理人员根据气象条件的不同，在室外气温处于 26 ℃以下的非工作时段内，利用新风管路进行大量的送风，同时采取走廊排风的简单办法，减小空调开机负荷和高峰用电负荷，以达到节能的目的。

8.7　典型工程案例一

太阳能采暖-制冷-热水三联供系统案例

北京市房山区长阳镇的一座新建节能民居，上、下两层建筑面积为 419 m²，大小房间共 15 间，砖混结构，中空玻璃塑钢门窗，外墙为 370 mm 厚空心砖，并加装 70 mm 厚标准挤塑板保温层，房顶采用 200 mm 厚聚苯板保温，建筑外围护结构符合节能 50%标准。

本工程采用太阳能采暖-制冷-热水三联供系统，三

地源热泵、风冷热泵特灵高端居家舒适集成系统

太阳能、空气源热泵结合的中央采暖系统

联供系统由太阳能集热系统、低温热水辐射地板采暖系统、热水供应系统、辅助能源系统、风冷系统、自动控制系统六个子系统组成，如图 8.29 所示。

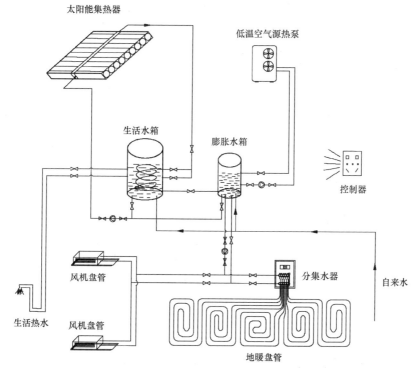

图 8.29 太阳能采暖-制冷-热水三联供系统

（1）系统介绍。

1）太阳能集热系统。太阳能集热系统主要由太阳能集热器、集热器支架、循环管路、循环泵、阀门、过滤器、储热水箱等组成。集热器由太阳能采暖专用真空管和特制的采暖联箱组成，本集热器实现了承压运行、超低温差传导、防垢、防冻、防漏、抗风功能，真空管经过特殊加工处理，即使玻璃管损坏系统，也不会漏水，能够照常运行。集热器及支架设计、安装合理，且功能与景观完美结合，不破坏建筑物美观，并可起到屋顶隔热层作用。

集热器采集的热量以水为载体，通过循环管路储存于储热水箱中。水箱有两个：一个是热水水箱，主要用于生活热水和洗浴热水；另一个是膨胀水箱，主要用于采暖和制冷。水箱与集热器采用高位集热器低位水箱安装方式，强制循环，停机排空的运行方式，实现太阳能的采集和系统防冻，大幅度提高了对太阳能的采集效率和系统安全性。

2）低温热水地板辐射采暖系统。本工程采用低温热水地板辐射采暖，上、下两层共设4 组分集水器，每组分别采用温控器控制，优先使用太阳能能源，根据采暖区域温度的要求，合理利用辅助热源，大大减少运行费用。当进入冬季采暖时，必须先将系统进行冬、夏季行环管路转换，以集热系统及辅助能源系统生产的热水为热媒，在地板盘管中循环流动，加热地板，通过地面辐射的方式向室内供热。低温热水地板辐射采暖所需供水温度在35 ℃～50 ℃，较普通暖气片供水温度 85 ℃～95 ℃低得多，从采暖水箱到采暖末端是低温传输，所以传输热损大大减少。由于加热管在地下面，地板散发的热量从低处向高处传送，在 2 m 以内的人体活动区域被有效利用，热损失小。地暖不占用室内空间且温度梯度均匀，不像普通暖气片那样冷热不均又占用空间。

3）热水供应系统。系统生产的热水除提供采暖外，还能通过热水供应系统为用户提供生活日常用热水。本系统采用恒温恒压装置，保证用水终端水的温度和压力，不会出现供水不足或断水现象，采用自动循环保温装置，保证供水管路和用水终端时刻有舒适温度的热水，即使较长时间不用热水，也能保证用热水时即开即热。

4）辅助能源系统。当太阳能不能满足系统需求的热量时，不足的热能由辅助能源提供。本工程选用新一代低温空气源热泵机组作为辅助能源，制冷量为 31 kW，制热量为 32 kW，电源电压为 380 V。本空气源冷热泵机组已成功实现室外温度－15 ℃时，额定制热量衰减比普通热泵机组减少 25％左右。而且，其最低运行温度可低至－20 ℃。机组在室外温度 0 ℃时，其运行的能效比可达到 3.0。

5）风冷系统。本系统利用了风冷热泵机组的优点，它不但冬季可以给太阳能采暖提供热能补充，还可以独立完成夏季制冷的需求，实现一机多用，充分利用能源，降低投资成本。进入夏季制冷时，必须先将系统进行冬、夏季行环管路转换，将生活水箱和膨胀水箱独立使用，太阳能集热器为用户提供热水。由热泵机组生产低温水并储存于膨胀水箱，通过风机盘管吸收室内热量，为室内降温，达到制冷目的。由于采用冷水系统，室内水分及人体水分不易流失，所以远比直接使用氟系统舒适。

6）自动控制系统。自动控制系统采用微电脑自动控制，能自动识别阳光有无及强弱，监测水箱水温和室内温度，实现太阳能集热系统和采暖系统温差循环，采暖实施分室分时段控制；水位自动控制；热水系统自动循环保温，恒温恒压给水；实时功能状态显示；另特为有峰/谷电价地区的用户设计了谷电应用功能，使辅助能源在谷电时间段内充分蓄能，享受优惠电价，减少运行费用。为保证系统运行可靠及用户人身安全，设置了多种保护措施，如漏电保护、过载短路保护、干烧保护、水流保护、逆序保护、缺相保护、超温保护、高压保护、低压保护、频繁启动保护等，用户可放心使用。控制系统人机界面可以显示各种设置点参数及各设备运行情况，自动检测系统故障并显示故障代码，以方便查询和检修。通过全智能化的控制功能，既充分、有效地采集利用了可再生能源，又最大限度地节约了能源，同时保证了系统的稳定性、可靠性和安全性。

建筑采暖、制冷、生活热水供应形式的初投资及运行、维护费用比较见表 8.4。

表 8.4　建筑采暖、制冷、生活热水供应形式的初投资及运行、维护费用比较

项目	太阳能＋低温热泵采暖、制冷、热水	燃煤锅炉采暖＋中央空调制冷	电加热热水（0.48 t/d）	太阳能热水（0.48 t/d）
初投资	23.38 万元（558 元/m²）	(120 元/m²＋260 元/m²)×419 m²=15.92 万元	0.5 万元（6 kW 电锅炉）	无
夏季运行费用、元/m²(90 天)	419 m²×20 元/m²=0.84 万元	419 m²×20 元/m²=0.84 万元	245 d×0.5×19.5=2 389(元)	无
冬季运行费用、元/m²(120 天)	419 m²×12 元/m²=0.5 万元	419 m²×30 元/m²=1.3 万元	120 d×0.5×19.5=1 170(元)	1 170×30％=351(元)

项目	太阳能＋低温热泵采暖、制冷、热水	燃煤锅炉采暖＋中央空调制冷	电加热热水(0.48 t/d)	太阳能热水(0.48 t/d)
平均年维修费用	400 元	2 000 元	400 元	351 元
全年生活热水			3 959 元	351 元
年运行维修合计总费用	1.38 万元	2.34 万元	0.4 万元	0.035 万元

（2）经济性分析。电费按 0.5 元/(kW·h)计算，低温热泵在 0 ℃时能效比为 3.0，太阳能保证率为 70%。由表 8.4 可见，太阳能采暖、制冷、热水每年运行费用可节约(2.34＋0.4)－(1.38＋0.035)＝1.33(万元)。系统增投资为 23.38－15.92－0.5＝6.96(万元)，增投资回收年限为 6.96/1.32≈5(年)。系统使用寿命为 20 年，寿命期内节约费用 20×1.32＝26.4(万元)。其中还未考虑常规能源涨价因素、利率因素等，而且燃煤锅炉、电锅炉一般不超过 10 年就需要较大的设备更换投资，这里不做详尽的计算。另外，经过计算，太阳能采暖、制冷、生活热水系统在寿命期内二氧化碳减排量为 181 t。

8.8　典型工程案例二

朱比丽校园项目设计的确定是通过 1996 年诺丁汉大学为庆祝 50 年校庆举行的一次竞标，最终，迈克·霍普金斯建筑师事务所以突出的生态设计特征胜出。项目于 1997 年年底动工，经过两年九个月的时间，迈克·霍普金斯建筑师事务所的设计将一废旧的工业用地最终转变成一个充满自然生机的公园式校园。1999 年 12 月，由英国女王正式为其揭幕开放使用，其总造价约为 5 000 万英镑。占地面积为 13 000 m²，建筑面积为 41 000 m²。其意图是将这一新校园塑造成英国中部的一个可持续发展范例。本节将针对其教学楼建筑的烟囱通风技术进行介绍和分析。

8.8.1　建筑概况及基本形式

朱比丽校园设计中的一个最大特点是所有的建筑物皆由具有玻璃顶盖的中庭所串联。整个中庭其实类似一个玻璃盒子，也可以说是一个小型温室，可以在寒冷的冬天储存适当的太阳热能，以达到一定的舒适度并减少暖气的使用。中庭内种满中型植栽，借由植栽保湿遮阴的特性，自动调节室内温、湿度，而且让由靠湖面进气口的冷风在进到室内时有预暖的效果，减少寒冷带来的不适与能源浪费。另外，中庭与圆形、类似于烟囱的楼梯间相结合，也是这组建筑的一个明显特点，称为其典型平面形式，如图 8.30、图 8.31 所示（以下均以商学院教学楼为例）。

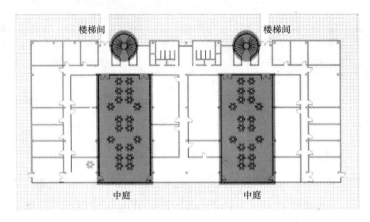

图 8.30　典型平面形式

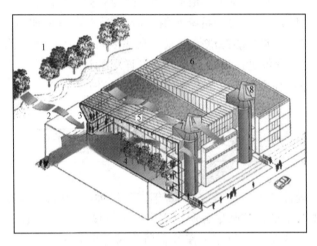

图 8.31　"烟囱"外观图

8.8.2　通风策略

朱比丽校园设计所采用的通风策略可以称作热回收低压机械式自然通风，它是一种混合系统，即在充分利用自然通风的基础上辅以有效的机械通风装置。

1."集热片"与"风塔"

这一通风系统的使用在建筑上表现为两个明显的特征：一个是 25 mm×125 mm 的太阳能集热片，它们被集成在中庭屋顶的 6 mm 厚的吸热强化玻璃中，用于提供驱动机械通风扇的能源，同时它们起到一定的遮阳作用；另一个是"风塔"，其主体为楼梯间，在顶部是集成的机械抽风和热回收装置，在建筑外部呈一造型独特的金属"风斗"：通过其旋转，以确保排出气流总是朝下风向，从而形成最大的正负压差，加强抽风效果。3.5 m 高的小塔状通风帽能够随着风向转动，所以排风口总是顺着风向。它通过低速的风洞试验，即使在风速只有 2 m/s 时也能转动，最大受风力可达 40 m/s。据观测，通过使用这一装置所节省的能耗不到风扇耗能的 1/100，但它们被认为在树立生态建筑标识性上有着更高的价值。

2. 系统运作

系统的运作或气流的组织可以理解为"穿越式"和"机械低压式"两种的混合。所谓穿越式，就是通过建筑窗口的设置形成的通风方式，也就是俗称的穿堂风。

所谓机械低压式，就是在机械的辅助下，充分利用"烟囱效应"在建筑内部形成自然风循环，这尤其适用于酷热或寒冬气候条件下，当建筑窗口关闭时。

8.8.3 "烟囱"通风分析

1. 在非酷热或寒冬气候条件下通风分析

在沿湖立面，设计了许多通风百叶，迎着水面风起冷却的效应，整个气流穿过前面提到的中庭空间，最后到达背立面的楼梯间，通过"烟囱效应"让使用过的气流上升，穿过整个圆形、类似烟囱的楼梯间，最后经由一个 3.5 m 高的铝制风斗排放出去，完成整个低耗能空气循环动作(图 8.32)。

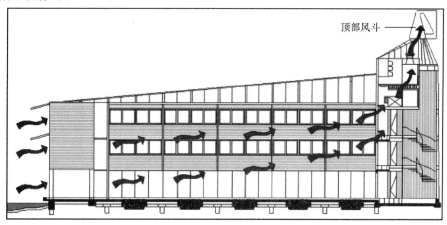

顶部风斗

图 8.32　空气循环示意

排气：废气是通过走道和楼梯间的低压抽风作用，最终又回到风塔上部，再经过热回收或蒸发冷却装置，通过风斗排出(图 8.33)。

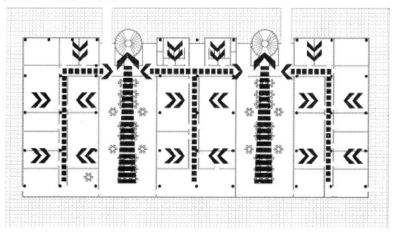

图 8.33　平面排气流线示意

进气：新鲜的空气通过处于风塔上部的机械抽风和热回收装置被引入风道中，然后进入各层楼板 350 mm 高的夹层空间，进而在楼板低压发散装置的辅助下进入室内(图 8.34)。

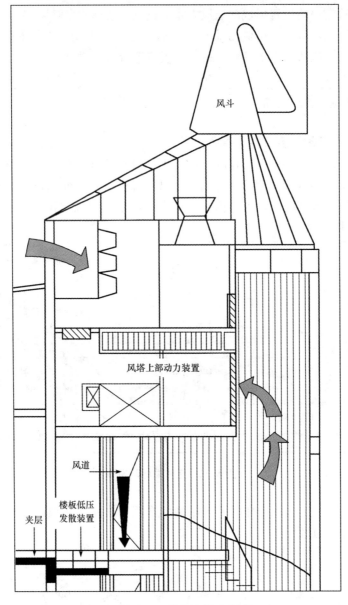

风斗

风塔上部动力装置

风道

夹层

楼板低压
发散装置

图 8.34　进气流线示意

2. 夏季制冷与冬季制热工作原理

(1)夏季：温度较低的室内空气被用来给吸入的室外新风降温。当室外温度超过 24 ℃时，可采用空调设备制冷，来满足所需制冷要求(图 8.35)。

(2)冬季：温度较高的室内空气被用来给吸入的室外新风增温，并经过巨大的热交换设施后被加热至 18 ℃。当室外温度低于 2.3 ℃时，一个 30 kW 的燃气锅炉将会启动，来补充所需热量，给空气加热(图 8.36)。

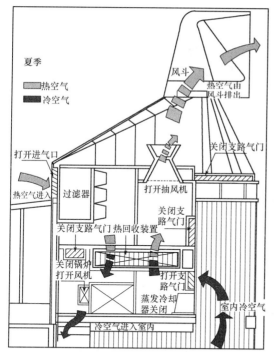

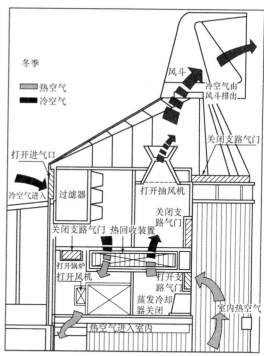

图 8.35　楼梯间顶部热回收装置夏季制冷示意　　　图 8.36　楼梯间顶部热回收装置冬季制冷示意

3. 经济性分析

基于校园使用后的监测，建筑的能耗被估算为每年 85 kW·h/m²，这一数字低于英国建筑能耗指标 ECON19 的自然通风办公建筑的良好标准：每年 112 kW·h/m²。并且校方认为从整体来说，与主校园相比，这座新校园达到了 60% 的节能效果。

第9章 建筑照明节能技术

9.1 建筑采光与节能设计

根据调查，我国的公共建筑能耗中，照明能耗所占比例很大。以北京市某大型商场为例，其用电量中，照明用电占 40%，电梯用电占 10%。而在美国商业建筑中，照明用电所占比例为 39%，在荷兰这一比例高达 55%。可见，照明在建筑能耗中占有很大的比例，因此也有着巨大的节能潜力。

从人类进化发展史上看，天然光环境是人类视觉工作中最舒适、最亲切、最健康的环境。天然光还是一种清洁、廉价的光源。利用天然光进行室内采光照明，不仅有益于环境，而且在天然光下人们在心理和生理上感到舒适，有利于身心健康，提高视觉功效。利用天然光照明，是对自然资源的有效利用，是建筑节能的一个重要方面。精明的设计师总能充分利用自然光来降低照明所需要的安装、维护费用以及所消耗的能源。

9.1.1 从建筑被动采光向积极利用天然光方向发展

目前，人们对天然光利用率低的原因，主要还是利用天然光节能、环保的意识薄弱。例如，对于一般酒店来说，认为用人工光源照明只是多交些电费，这些费用可以转嫁给顾客，而且这种做法也形成了常理。另外，天然采光在建筑设计上会相对复杂费时，不如大量安装人工光源方便、省事，但一天中天然光线变化在室内营造的自然光环境是其他任何光源所无法比拟的。

用天然光代替人工光源照明，可大大减少空调负荷，有利于减少建筑物能耗。另外，新型采光玻璃(如光敏玻璃、热敏玻璃等)可以在保证合理的采光量的前提下，在需要的时候将热量引入室内，而在不需要的时候将天然光带来的热量挡在室外。

对天然光的使用，要注意掌握天然光稳定性差，特别是直射光会使室内的照度在时间上和空间上产生较大波动的特点。设计者要注意合理地设计房屋的层高、进深与采光口的尺寸，注意利用中庭处理大面积建筑采光问题，并适时地使用采光新技术。

充分利用天然光，为人们提供舒适、健康的天然光环境，当传统的采光手段已无法满足要求时，新的采光技术的出现主要是解决以下三方面的问题：

(1)解决大进深建筑内部的采光问题。由于建设用地的日益紧张和建筑功能的日趋复杂，建筑物的进深不断加大，仅靠侧窗采光已不能满足建筑物内部的采光要求。

(2)提高采光质量。传统的侧窗采光，随着与窗距离的增加，室内照度显著降低，窗口处的照度值与房间最深处的照度值之比大于 5:1，视野内过大的照度对比容易引起不舒适眩光。

(3)解决天然光的稳定性问题。天然光的不稳定性一直都是天然光利用中的一大难点所在，通过日光跟踪系统的使用，可最大限度地捕捉太阳光，在一定的时间内保持室内较高的照度值。

9.1.2　天然采光节能设计策略

1. 采用有利的朝向

由于直射阳光比较有效，因此朝南的方向通常是进行天然采光的最佳方向。无论是在每一天中还是在每一年里，建筑物朝南的部位获得的阳光都是最多的。在采暖季节里，这部分阳光能提供一部分采暖热能，同时，控制阳光的装置在这个方向也最能发挥作用。

对天然采光最佳的第二个方向是北方，因为这个方向的光线比较稳定。尽管来自北方的光线数量比较少，但却比较稳定。这个方向也很少遇到直接照射的阳光带来的眩光问题。在气候非常炎热的地区，朝北的方向甚至比朝南的方向更有利。另外，在朝北的方向也不必安装可调控光遮阳的装置。

对天然采光最不利的方向是东面和西面，不仅因为这两个方向在每一天中只有一半的时间能被太阳照射，而且还因为这两个方向日照强度最大的时候，是在夏天而不是在冬天。然而，最大的问题还在于，太阳在东方或者西方时，在天空中的位置较低，因此，会带来非常严重的眩光和阴影遮蔽等问题。

由图9.1(d)可见，从建筑物的方位来看，最理想的楼面布局通常窗户都朝南方或北方。确定方位的基本原则如下：

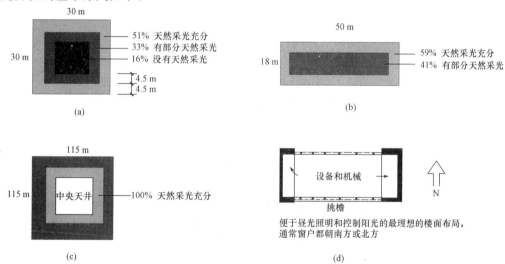

图9.1　不同平面布局下的天然采光效率

(1)如果冬天需要采暖，应采用朝南的侧窗进行天然采光。

(2)如果冬天不需要采暖，还可以采用朝北的侧窗进行天然采光。

(3)用天然采光时，为了不使夏天太热或者带来严重的眩光，应避免使用朝东和朝西的玻璃窗。

2. 采用有利的平面形式

建筑物的平面形式不仅决定了侧窗和天窗之间的搭配是否可能，同时，还决定了天然采光口的数量。一般情况下，在多层建筑中，窗户往深 4.5 m 左右的区域能够被日光完全照亮，再往里 4.5 m 的地方能被日光部分照亮。图 9.1(a)、(b)、(c)中列举了建筑的三种不同平面形式，其面积完全相同(都是 900 m²)。在正方形的布局里，有 16%的地方日光根本照不到，另有 33%的地方只能照到一部分。在长方形的布局里，没有日光完全照不到的地方，但它仍然有大面积的地方，日光只能部分照得到，而有中央天井的平面布局，能使屋子里所有地方都被日光照到。当然，中央天井与周边区域相比的实际比例，要由实际面积决定。建筑物越大，中央天井就应越大，而周边的表面积越小。

现代典型的中央天井，其空间都是封闭的，其温度条件与室内环境非常接近。因此，有中央天井的建筑，即使从热量的角度一起考虑，仍然具有较大的日光投射角。中央天井底部获取光线的数量，由中央天井顶部的透光性、中央天井墙壁的反射率，以及其空间的几何比例(深度和宽度之比)一系列因素来决定。使用实物模型是确定中央天井底部得到日光数量的最好方法。当中央天井空间太小，难以发挥作用时，它们常常被当作采光井，可以通过天窗、高侧窗(矩形天窗)或者窗墙来照亮中央天井(图 9.2)。

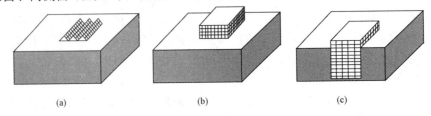

图 9.2　具有天然采光功能的中央天井的几种形式

(a)天窗；(b)高侧窗；(c)窗墙

3. 采用天窗采光

一般来说，单层和多层建筑的顶层可以采用屋顶上的天窗进行采光，但也可以利用采光井。建筑物的天窗可以带来两个重要的好处。首先，它能使相当均匀的光线照亮屋子里相当大的区域[图 9.3(a)]，而来自窗户的昼光只能局限在靠窗 45 m 左右的地方[图 9.3(b)]。其次，水平的窗口也比竖直的窗口获得的光线多得多。但是，开天窗也会引起许多严重的问题。来自天窗的光线在夏天时比在冬天时更强，而且水平的玻璃窗也难以将其遮蔽。因此，在屋顶通常采用平天窗、高侧窗、矩形天窗或者锯齿形天窗等形式的竖直玻璃窗比较适宜[图 9.3(c)]。

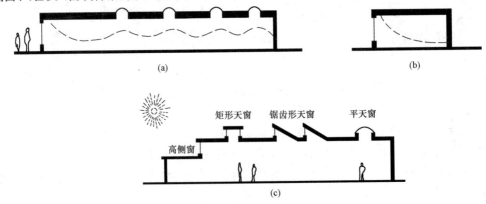

图 9.3　天窗采光的优点

(a)天窗可以不受限制提供相当均匀的照明；(b)从侧窗进来的光线局限在靠窗 45 m 的地方；(c)各种形式的天窗

锯齿形天窗可以把光线反射到背对窗户的室内墙壁上。墙壁可以充当大面积、低亮度的光线漫射体。被照得通体明亮的墙壁，看起来会往后延伸，使房间看起来也比实际情况更加宽敞、更令人赏心悦目。另外，从窗户直接照进来的天空光线或者阳光的眩光问题，也可得到根除(图9.4)。

图9.4 锯齿形天窗

散光挡板可以消除投射在工作表面上的光影，使光线在工作表面上的分布更加均匀，也可以消除来自天窗(特别是平天窗)的眩光(图9.5)。挡板的间距必须精心设计，才能既阻止阳光直接照射到室内，又避免在45°以下人的正常视线以内产生眩光。顶棚和挡板的表面应打磨得既粗糙，又具有良好的反光性。

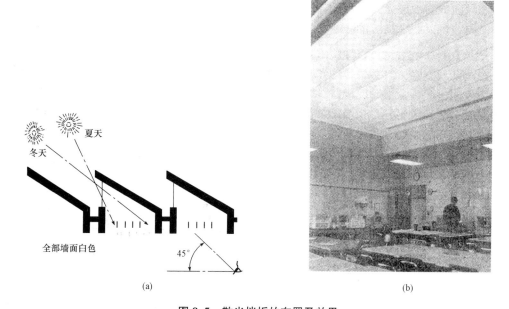

(a)　　　　　　　　　　　　　　　　　　(b)

图9.5 散光挡板的布置及效果

(a)光线反射到背窗的室内墙壁上，朝南的锯齿形天窗在这种情况下采光效果最好；
(b)798艺术中心内天窗反射光线的效果

利用顶部采光达到节约照明能耗的一个很好的例子是我国的国家游泳中心(水立方)。该建筑屋面和墙体的内外表面材料均采用了透明的ETFE(聚四氟乙烯)膜结构，其透光特性可保证90%自然光进入场馆，使"水立方"平均每天自然采光达到9 h。利用自然采光每年可以节省 627 MW·h 的照明耗电，占整个建筑照明用电的 29%，如图 9.6 所示。

图 9.6 "水立方"的内部屋顶采光效果

4. 采用有利的内部空间布局

开放的空间布局对日光进入屋子深处非常有利。用玻璃隔板分隔屋子，既可以营造声音上的个人空间，又不至于遮挡光线。如果还需要营造视觉上的个人空间，可以把窗帘或者活动百叶帘覆盖在玻璃之上，或者使用半透明的材料。也可以选择只在隔板高于视平线以上的地方安装玻璃，以此作为替代。

5. 颜色

在建筑物的里面和外面都使用浅淡颜色，可以使光线更多、更深入地反射到房间里边，同时，使光线成为漫射光。浅色的屋顶可以极大地增加高侧窗获得光线的数量。面对浅色外墙的窗户，可以获得更多的日光。在城市地区，浅色墙面尤其重要，它可以增加较低楼层获得日光的能力。

室内的浅淡颜色不仅可以把光线反射到屋子深处，还可以使光线漫射，以减少阴影、眩光和过高的亮度比。顶棚应当是反射率最高的地方。地板和较小的家具是最无关紧要的反光装置，因此，即使具有相当低的反射率(涂成黑色)也无妨。反光装置的重要性依次为：顶棚、内墙、侧墙、地板和较小的家具。

9.1.3　天然采光新技术

目前新的采光技术可以说是层出不穷的，它们往往利用光的反射、折射或衍射等特性，将天然光引入，并且传输到需要的地方。以下介绍四种先进的采光系统。

(1)导光管。导光管的构想据说最初源于人们对自来水的联想，既然水可以通过水管输送到任何需要的地方，打开水龙头，水就可以流出，那么光是否也可以做到这一点呢？人们对导光管的研究已有很长一段历史，至今仍是照明领域的研究热点之一。最初的导光管主要传输人工光，20 世纪 80 年代以后开始扩展到天然采光。

用于采光的导光管主要由三部分组成，即用于收集日光的集光器；用于传输光的管体部分；用于控制光线在室内分布的出光部分。集光器有主动式和被动式两种：主动式集光器通过传感器的控制来跟踪太阳，以便最大限度地采集日光；被动式集光器则是固定不动的。有时会将管体和出光部分合二为一，一边传输，一边向外分配光线。垂直方向的导光管可穿过结构复杂的屋面及楼板，把天然光引入每一层直至地下层。为了输送较大的光通量，这种导光管直径一般都大于

100 mm。由于天然光的不稳定性，往往还会给导光管加装人工光源作为后备光源，以便在日光不足的时候作为补充。导光管采光适合天然光丰富、阴天少的地区使用。

结构简单的导光管在一些发达国家已经开始广泛使用，如图9.7所示，目前国内也有企业开始生产这种产品。图9.8所示是德国柏林波茨坦广场上使用的导光管。其直径约为500 mm，顶部装有可随日光方向自动调整角度的反光镜，管体采用传输效率较高的棱镜薄膜制作，可将天然光高效地传输到地下空间，同时也成为广场景观的一部分。

图9.7　导光管的使用及效果　　　　　图9.8　柏林波茨坦广场上的导光管

(2)光导纤维。光导纤维是20世纪70年代开始应用的高新技术，最初应用于光纤通信，20世纪80年代开始应用于照明领域，目前光纤用于照明的技术已基本成熟。

光导纤维采光系统一般是由聚光部分(图9.9)、传光部分和出光部分三部分组成。聚光部分把太阳光聚在焦点上，对准光纤束。其用于传光的光纤束一般用塑料制成，直径在10 mm左右。光纤束的传光原理主要是光的全反射原理，光线进入光纤后，经过不断的全反射传输到另一端。在室内的输出端装有散光器，可根据不同的需要使光按照一定规律分布。

对于一幢建筑物来说，光纤可采取集中布线的方式进行采光。把聚光装置(主动式或被动式)放在楼顶，同一聚光器下可以引出数根光纤，通过总管垂直引下，分别弯入每一层楼的吊顶内，按照需要布置出光口，以满足各层采光的需要，如图9.10所示。

 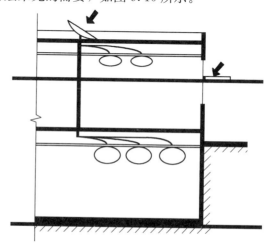

图9.9　自动追踪太阳的聚光镜　　　　　图9.10　光纤采光示意

因为光纤截面尺寸小，所能输送的光通量比导光管小得多，但它最大的优点是在一定的范围内可以灵活地弯折，而且传光效率比较高，因此，其同样具有良好的建筑节能应用前景。

（3）采光隔板。采光隔板是在侧窗上部安装1个或1组反射装置，使窗口附近的直射阳光经过一次或多次反射进入室内，以提高房间内部照度的采光系统。房间进深不大时，采光隔板的结构可以十分简单，仅是在窗户上部安装1个或1组反射面，使窗口附近的直射阳光，经过一次反射，到达房间内部的顶棚。利用顶棚的漫反射作用，使整个房间的照度和照度均匀度均有所提高，如图9.11所示。

当房间进深较大时，采光隔板的结构就会变得复杂。在侧窗上部增加由反射板或棱镜组成的光收集装置，反射装置可做成内表面具有高反射比反射膜的传输管道。这一部分通常设在房间吊顶的内部，尺寸大小可与建筑结构、设备管线等相配合。为了提高房间内的照度均匀度，在靠近窗口的一段距离内向下不设出口，而把光的出口设在房间内部，如图9.12所示，这样就不会使窗附近的照度进一步增加。配合侧窗，这种采光隔板能在一年中的大多数时间为进深小于9 m的房间提供充足、均匀的光照。

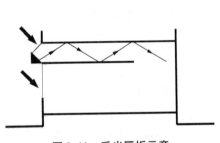

图 9.11　采光隔板示意

图 9.12　使用采光隔板的效果

（4）导光棱镜窗。导光棱镜窗是利用棱镜的折射作用改变入射光的方向，使太阳光照射到房间深处。导光棱镜窗的一面是平的，一面带有平行的棱镜，它可以有效地减少窗户附近直射光引起的眩光，提高室内照度的均匀度。同时，由于棱镜窗的折射作用，可以在建筑间距较小时获得更多的阳光，如图9.13所示。

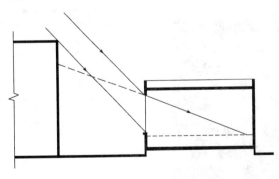

图 9.13　导光棱镜采光示意

产品化的导光棱镜窗通常是用透明材料将棱镜封装起来，棱镜一般采用有机玻璃制作。

导光棱镜窗如果作为侧窗使用，人们透过窗户向外看时，影像是模糊或变形的，会给人的心理造成不良影响。因此，使用时通常是安装在窗户的顶部或者作为天窗使用。图9.14所示的德国国会大厦执政党厅使用了导光棱镜窗作为天窗，室内光线均匀柔和。

图9.14 德国国会大厦执政党厅的采光效果

光是构成建筑空间环境的重要因素。随着人们对环境、资源等问题的日益关注，建筑师开始重视天然光的利用。新的采光技术与传统的采光方式相结合，不但能提高房间内部的照度值和整个房间的照度均匀度，而且可以减少眩光和视觉上的不舒适感，从而创造以人为本、健康、舒适、节能的天然光环境。

9.2 照明系统的节能

当20世纪70年代发生第一次石油危机后，作为当时照明节电的应急对策之一，就是采取降低照明水平的方法，即少开一些灯或减短照明时间。然而，以后的实践证明，这是一种十分消极的办法。因为这会导致劳动效率的下降和交通事故与犯罪率的上升。所以，照明系统节能应遵循的原则是：必须在保证有足够的照明数量和质量的前提下，尽可能节约照明用电。照明节能主要是通过采用高能效照明产品、提高照明质量、优化照明设计等手段来达到。

在我国，照明用电量占发电量的10％～12％，并且主要以低效照明为主，照明终端节电具有很大的潜力。同时，照明用电大都属于高峰用电，照明节电具有节约能源和缓解高峰用电的双重作用。

9.2.1 照明节能原则

照明节能是一项涉及节能照明器件生产推广、照明设计施工、视觉环境研究等多方面的系统工程。其宗旨是要用最佳的方法满足人们的视觉要求，同时又能最有效地提高照明系统的效率。要达到节能的目的，必须从组成照明系统的各个环节上分析设计，完善节能的措施和方法。

国际照明委员会（法语：commission internationale de l'Eclairage，采用法语简称为CIE)根据一些发达国家在照明节能中的特点，提出了以下九项照明节能原则：

(1)根据视觉工作需要决定照度水平；

(2)制定满足照度要求的节能照明设计；

(3)在考虑显色性的基础上采用高光效光源；

(4)采用不产生眩光的高效率灯具；

(5)室内表面采用高反射比的材料；

(6)照明和空调系统的热结合；

(7)设置不需要时能关灯的可变控制装置；

(8)将不产生眩光和差异的人工照明同天然采光综合利用；

(9)定期清洁照明器具和室内表面，建立换灯和维修制度。

9.2.2　照明节能的评价指标

节能工作从设计到最终实施都应有相应的节能评价指标。从目前已经制定实施的国内外标准来看，各国均采用照明功率密度（Lighting Power Density，LPD，单位为 W/m）来评价建筑物照明节能的效果，并且规定了各类建筑的各种房间的照明功率密度限值。要求在照明设计中在满足作业面照明标准值的同时，通过选择高效节能的光源、灯具与照明电器，使房间的照明功率密度不超过限值。

9.2.3　照明节能的主要技术措施

1. 选择优质、高效的电光源

地下车库智能
LED 照明信息

光源在照明系统节能中是一个非常重要的环节，生产推广优质、高效光源是技术进步的趋势，而工程设计中选用先进光源又是一个易于实现的步骤。表 9.1 中列出了各种光源的性能。从表中可看出，高压钠灯的光效为最高，但显色性也最差，这种光源一般用于对辨色要求不高的场所，如道路、货场等；荧光灯和金属卤化物灯的光效低于高压钠灯，但显色性很好；白炽灯光效最低，相对能耗最大。由世界各种光源年消费比例和一些国家光源的应用比例可知，荧光灯和高强度气体放电灯用量呈逐年增长趋势，而白炽灯呈逐年减少的趋势。为减少能源浪费，在选用光源方面可遵循以下原则：

表 9.1　典型光源的性能

类型	光效/(lm·W^{-1})	寿命/h	显色指数 Ra
白炽灯	9～34	1 000	99
高压汞灯	39～55	10 000	40～45
荧光灯	45～103	5 000～10 000	50～90
金属卤化物灯	65～106	5 000～10 000	60～95
高压钠灯	55～136	10 000	＜30

（1）要尽量减少白炽灯的使用量。由于白炽灯光效低、能耗大、寿命短，应尽量减少其

使用量，在一些场所应禁止使用白炽灯，无特殊需要时，不应采用 150 W 以上大功率白炽灯。如需采用白炽灯，宜采用光效高些的双螺旋白炽灯、充氮白炽灯、涂反射层白炽灯或小功率的高效卤钨灯。

（2）一般场所推广使用细管径荧光灯和紧凑型荧光灯。荧光灯光效较高，寿命长，获得普遍应用，在室内照明场所中重点推广细管径（26 mm）T8 型、T5 型荧光灯和各种形状的紧凑型荧光灯，以代替粗管径（38 mm）T12 荧光灯和白炽灯。

紧凑型节能灯是目前替代白炽灯最适宜的光源。GE 公司最近研制生产的紧凑型节能灯与白炽灯相比，节能达 80%，功率范围为 5～23 W，寿命长达 10 000 h，降低了维护和替换费用。这种光源使用稀土三基色荧光粉，使被照物体更真实、更自然，光色从暖色到冷色，满足不同应用需求，还可应用于可调光电路。现已广泛被国内的重点工程所采用，如人民大会堂、西单商场、中国银行总行、巴黎春天百货、上海书城等。

（3）有条件的项目使用电磁感应灯、LED 等新型高效光源。

1）电磁感应灯。电磁感应灯是继传统白炽灯、气体放电灯之后在发光机理上有突破的新颖光源，它具有高光效、长寿命、高显色、光线稳定等特点。电磁感应灯是由高频发生器、功率耦合线圈、无极荧光灯管组合而成的，而且不用传统钨丝，可以节约大量资源。由于无极启动点燃，可避免电极发射层的损耗及对荧光粉的损害而产生的寿命短的弊端，使其使用寿命大幅提高。同时，也不存在因灯丝损坏而造成整个灯报废的问题。它的使用寿命长达 10 年以上，不超过荧光灯用电量的 50%。对功率为 25～350 W 电磁感应灯，可实现 30%～100% 的连续调光功能。

2）LED 光源。半导体照明是 21 世纪最具发展前景的高技术领域之一，它具有高效、节能、安全、环保、寿命长、易维护等显著特点，被认为是最有可能进入普通照明领域的一种新型第四代"绿色"光源。白光 LED 可应用于建筑照明领域，以替代白炽灯、荧光灯、气体放电灯。提高白光 LED 发光效率是目前各公司和研究机构竞相努力的方向，人们正向着 100 lm/W 的目标不断努力。白光 LED 的显色性现已能做到 Ra>80（色温 5 800 K）。

（4）大型场所采用高光效、长寿命的高压钠灯和金属卤化物灯。在大型公共建筑照明、工业厂房照明、道路照明及室外景观照明工程中，推广使用高光效、长寿命的金属卤化物灯和高压钠灯。逐步减少高压汞灯的使用量，特别是不应随意使用自镇流高压汞灯。

2. 选择高效灯具及节能器件

灯具的效率会直接影响照明质量和能耗。在满足眩光限制的要求下，照明设计中应多注意选择直接型灯具。其中，室内灯具效率不宜低于 70%，室外灯具的效率不宜低于55%。要根据使用环境不同，采用控光合理的灯具，如多平面反光镜定向射灯、蜗蜗翼配光灯具、块板式高效灯具等。

选用灯具上，应注意选用光通量维持率好的灯具，如涂二氧化硅保护膜及防尘密封式灯具，以及反射器采用真空镀铝工艺、反射板选用蒸镀银反射材料和光学多层膜反射材料的灯具等。同时，应选用利用系数高的灯具。

在各种气体放电灯中，均需要电器配件，如镇流器等。以前的 T12 荧光灯中使用的电感镇流器要消耗将近 20% 的电能，而节能的电感镇流器的耗电量不到 10%，电子镇流器耗电量则更低，只有 2%～3%。由于电子镇流器工作在高频，与工作在工频的电感镇流器相比，需要的电感量就小得多。电子镇流器不仅耗能少、效率高，而且还具有功率因数校正的功能，功率因数高。电子镇流器通常还增设有电流保护、温度保护等功能，在各种节能灯中应用非常广泛，节能效益显著。

3. 提高照明设计质量精度

能源高效的照明设计或具有能源意识的设计是实现建筑照明节能的关键环节，通过高质量的照明设计可以创造高效、舒适、节能的建筑照明空间。目前，我国建筑设计院主要承担建设项目的一般照明设计，这类照明设计主要包括一般空间照明供配电设计、普通灯具选型、灯具布置等工作。由于照明质量、照明艺术和环境不像供配电设计那样涉及建筑安全和使用寿命等需要严肃对待的设计问题，故电气工程师考虑较少，这样就造成了照明设计中随意加大光源的功率和灯具的数量或选用非节能产品的现象，产生了能源浪费。一些专业公司承包大型厅堂、场馆及景观照明的设计，虽然比较好地考虑了照明艺术和环境，由于自身力量不足或考虑的侧重不一样，有时候设计十分片面，出现了如照度不符合标准、照明配电不合理、光源和灯具选型不妥等现象。

要解决好上述问题，应加强专业照明设计队伍的业务建设，提高照明设计质量意识和能源意识。目前，国外照明设计已大量采用先进的专业照明设计模拟软件，保证照明设计的科学合理。国际著名的专业照明设计模拟软件如 Lumen Mi-cro、AGl32、DIALux 等，都含有国际上几十家灯具公司的产品数据库，能进行照明设计和计算及场景虚拟与现实模拟，并输出完整的报表，误差在 7% 以内。使用这些先进的设计工具，可以提高设计质量的精度，从建筑照明的最初设计环节上实现能源的高效利用。

4. 采用智能化照明

智能化照明是智能技术与照明的结合，其目的是在大幅度提高照明质量的前提下，使建筑照明的时间与数量更加准确、节能和高效。智能化照明的组成包括智能照明灯具、调光控制及开关模块、照度及动静等智能传感器、计算机通信网络等单元。智能化的照明系统可实现全自动调光、更充分利用自然光和照度的一致性、智能变换光环境场景、运行中节能、延长光源寿命等功能。

适宜的照明控制方式和控制开关，可达到节能的效果。控制方式上，可根据场所照明要求使用分区控制灯光，在灯具开启方式上，可充分利用天然光的照度变化，决定照明点亮的范围。还可使用定时开关、调光开关、光电自动控制开关等。公共场所照明、室外照明可采用集中控制、遥控管理方式，或采用自动控光装置等。

第 10 章　太阳能建筑节能技术

太阳能是最重要的基本能源，生物质能、风能、潮汐能、水能等都来自太阳能。太阳能是指太阳内部进行着由氢聚变成氦的原子核反应，其不停地释放出巨大的能量，不断地向宇宙空间辐射能量，这就是太阳能。太阳内部的这种核聚变反应可以维持很长时间，据估计约有几十亿至几百亿年，相对于人类的有限生存时间而言，太阳能可以说是取之不尽、用之不竭的。

10.1　太阳能概述

10.1.1　太阳辐射热

太阳辐射热是地表大气热过程的主要能源，也是对建筑物影响较大的一个参数。日照和遮阳是建筑设计中最关键的因素，这都是针对太阳辐射的。特别是太阳能建筑的设计，必须仔细考虑可作为能源使用的太阳辐射热。

当太阳的射线到达大气层时，其中一部分能量被大气中的臭氧、水蒸气、二氧化碳和尘埃等吸收；另一部分被云层中的尘埃、冰晶、微小水珠及各种气体分子等反射或折射而形成漫向反射，这一部分辐射能中的一部分返回到宇宙中，一部分到达地面。把改变了原来方向而到达地面的这部分太阳辐射称为"散射辐射"，其余未被吸收和散射的太阳辐射能仍按原来的方向，透过大气层直达地面，故称此部分为"直射辐射"。"直射辐射"与"散射辐射"之和称为"总辐射"。

10.1.2　我国太阳能资源情况

1. 我国太阳能资源分布特点

我国太阳能资源分布的主要特点是：太阳能的高值中心和低值中心都处于北纬 22°～35°这一带，青藏高原是高值中心，四川盆地是低值中心；太阳年辐射总量，西部地区高于东部地区，而且除西藏和新疆两个自治区外，基本上是南部低于北部；由于南方多数地区云多雨多，在北纬 30°～40°地区，太阳能的分布情况与一般的太阳能随纬度而变化的规律相反，太阳能不是随着纬度的增加而减少，而是随着纬度的升高而增长。

2. 我国太阳能资源分区

为了按照各地不同条件更好地利用太阳能，20 世纪 80 年代我国的科研人员根据各地接受太阳总辐射量的多少，将全国划分为如下五类地区：

(1)一类地区。全年日照时数为 3 200～3 300 h。在每平方米面积上一年内接受的太阳辐射总量为 6 680～8 400 MJ，相当于 225～285 kg 标准煤燃烧所发出的热量。其主要包括宁夏北部、甘肃北部、新疆东南部、青海西部和西藏西部等地，是中国太阳能资源最富有的地区，与印度和巴基斯坦北部的太阳能资源相当。尤以西藏西部的太阳能资源最为丰富，全年日照时数达 2 900～3 400 h，年辐射总量高达 7 000～8 000 MJ/m²。仅次于撒哈拉大沙漠，居世界第二位。

(2)二类地区。全年日照时数为 3 000～3 200 h。在每平方米面积上一年内接受的太阳辐射总量为 5 852～6 680 MJ，相当于 200～225 kg 标准煤燃烧所发出的热量。其主要包括河北西北部、山西北部、内蒙古南部、宁夏南部、甘肃中部、青海东部、西藏东南部和新疆南部等地，为中国太阳能资源较丰富区，相当于印度尼西亚的雅加达一带。

(3)三类地区。全年日照时数为 2 200～3 000 h。在每平方米面积上一年内接受的太阳辐射总量为 5 016～5 852 MJ，相当于 170～200 kg 标准煤燃烧所发出的热量。其主要包括山东东南部、河南东南部、河北东南部、山西南部、新疆北部、吉林省、辽宁省、云南省、陕西北部、甘肃东南部、广东南部、福建南部、江苏北部、安徽北部、天津市、北京市和台湾西南部等地，为中国太阳能资源的中等类型区，相当于美国的华盛顿地区。

(4)四类地区。全年日照时数为 1 400～2 200 h。在每平方米面积上一年内接受的太阳辐射总量为 4 190～5 016 MJ，相当于 140～170 kg 标准煤燃烧所发出的热量。其主要包括湖南省、湖北省、广西省、江西省、浙江省、福建北部、广东北部、陕西南部、江苏南部、安徽南部及黑龙江、台湾东北部等地，是中国太阳能资源较差地区，相当于意大利的米兰地区。

(5)五类地区。全年日照时数为 1 000～1 400 h。在每平方米面积上一年内接受的太阳辐射总量为 3 344～4 190 MJ，相当于 115～140 kg 标准煤燃烧所发出的热量。其主要包括四川、贵州、重庆等地，是中国太阳能资源最少地区，相当于欧洲的大部分地区。

一、二、三类地区，年日照时数大于 2 200 h，太阳年辐射总量高于 5 016 MJ/m²，是我国太阳能资源丰富或较丰富的地区，面积较大，约占全国总面积的 2/3 以上，具有利用太阳能的良好条件。四、五类地区，虽然太阳能资源条件较差，但是也有一定的利用价值，其中有的地方是有可能开发利用的。我国的太阳能资源与同纬度的其他国家相比，除四川盆地和与其毗邻的地区外，绝大多数地区的太阳能资源相当丰富，和美国类似，比日本、欧洲条件优越得多，特别是青藏高原的西部和东南部的太阳能资源尤为丰富，接近世界上有名的撒哈拉大沙漠。

10.2　太阳能建筑的分类

10.2.1　主动式太阳能建筑

主动式太阳能建筑利用集热器、蓄热器、管道、风机及泵等设备来收集、蓄存及输配太阳能，系统中的各部分均可控制而达到需要的室温。空气系统主动式太阳能采暖是由太阳能集热器加热空气直接被用来供暖，要求热源的温度比较低，50 ℃左右，集热器具有较高的效率。

因为太阳辐射受天气影响很大，因此，为保证室内能稳定供暖，对比较大的住宅和办公楼通常还需配备辅助热水锅炉。来自太阳能集热器的热水先送至蓄热槽中，再经三通阀将蓄热槽和锅炉的热水混合，然后送到室内暖风机组给房间供热(图 10.1)。这种太阳房可全年供热水。除上述热水集热、热水供暖的主动式太阳房外，还有热水集热、热风供暖太阳房及热风集热、热风供暖太阳房。前者的特点是热水集热后，再用热水加热空气，然后向各房间送暖风；后者采用的就是太阳能空气集热器。热风供暖的缺点是送风机噪声大，功率消耗高。

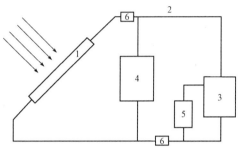

图 10.1　主动式太阳能采暖系统图

1—太阳能集热器；2—供热管道；3—散热设备；4—贮热器；5—辅助热源；6—风机或泵

一般来说，主动式太阳能建筑能够较好地满足住户的生活要求，可以保证室内采暖和供热水的要求，甚至可以达到制冷空调的作用。但设备投资高，需要消耗辅助能源，而且所有的热水集热系统都需要有防冻措施，这些都造成主动式太阳能建筑目前在我国难以推广应用。主动式太阳能建筑是通过高效集热装置来收集获取太阳能，然后由热媒将热量送入建筑物内的建筑形式。它对太阳能的利用效率高，不仅可以供暖、供热水，还可以供冷，而且室内温度稳定、舒适，日波动小，其在发达国家应用非常广泛。但因为它存在着设备复杂、先期投资偏高、阴天有云期间集热效率严重下降等缺点，在我国长期未能得到推广。

风机驱动空气在集热器与储热器之间不断地循环。将集热器所吸收的太阳能热量通过空气传送到储热器存放起来，或者直接送往建筑物。风机的作用是驱动建筑物内空气的循环，建筑物内的冷空气通过它输送到储热器中与储热介质进行热交换，加热空气并送往建筑物进行采暖。若空气温度太低，需使用辅助加热装置。另外，也可以让建筑物中的冷空气不通过储热器，而直接通过集热器加热以后送入建筑物内。

集热器是太阳能采暖的关键部件。应用空气作为集热介质时，首先，需有一个能通过容积流量较大的结构。这是因为空气的容积比热较小，而水的容积比热较大；其次，空气与集热器中吸热板的换热系数，要比水与吸热板的换热系数小得多。因此，集热器的体积和传热面积都要求很大。

当集热介质为空气时，储热器一般使用砾石固定床，砾石堆有巨大的表面积及曲折的缝隙。当热空气流通时，砾石堆就储存了由热空气所放出的热量。通入冷空气就能把储存的热量带走。这种直接换热器具有换热面积大、空气流通阻力小及换热效率高的特点，而且对容器的密封要求不高，镀锌钢板制成的大桶、地下室、水泥涵管等都适合用于装砾石。砾石的粒径以 20～25 mm 较为理想，用卵石更为合适。但装进容器以前，必须仔细洗刷干净，否则灰尘会随暖空气进入建筑屋内。这里，砾石固定床既是储热器又是换热器，因而降低了系统的造价。

这种系统的优点是集热器不会出现冻坏和过热情况，可直接用于热风采暖，控制使用方便；缺点是所需集热器面积大。

10.2.2 被动式太阳能建筑

被动式采暖设计，是通过建筑朝向和周围环境的合理分布、内部空间和外部形体的巧妙处理，以及建筑材料和结构构造的恰当选择，使其在冬季能集取、保持、储存、分布太阳热能，从而解决建筑物的采暖问题。被动式太阳能建筑设计的基本思想是控制阳光和空气在恰当的时间进入建筑并储存和分配热空气。其设计原则是要有有效的绝热外壳，有足够大的集热表面，室内布置尽可能多的储热体，以及主次房间的平面位置合理。

被动式设计应用范围广、造价低，可以在增加少许或几乎不增加投资的情况下完成，在中、小型建筑或住宅中最为常见。美国能源部指出，被动式太阳能建筑的能耗比常规建筑的能耗低 47％，比相对较旧的常规建筑低 60％。但是，该项设计更适合新建项目或大型改建项目，因为整个被动式系统是建筑系统中的一个部分，应与整个建筑设计完全融合在一起，并且在方案初期进行整合设计将会得到经济、美观等多方面的收益。我国青海省刚察县泉吉邮电所是一座早期试建的被动式太阳房，一直使用很好。当地海拔 3 301 m，冬季采暖期长达 7 个月，最冷时气温低到 −22 ℃～15 ℃。在不使用辅助能源的情况下，太阳房内的温度一般可维持 10 ℃以上。该房于 1979 年建成时，造价比当地普通房屋略高，但每年能节省大量采暖用煤，经济上是合算的，并且舒适度远远超过该地区同类普通建筑。

被动式太阳房的形式有多种，分类方法也不一样。就基本类型而言，目前有两种分类方式：一种是按传热过程分类；另一种是按集热形式分类。

（1）按照传热过程的区别，被动式太阳房可分为两类：一是直接受益式，指阳光透过窗户直接进入采暖房间；二是间接受益式，指阳光不直接进入采暖房间，而是首先照射在集热部件上，通过导热或空气循环将太阳能送入室内。

（2）按照集热形式的基本类型，被动式太阳房可分为直接受益式、集热蓄热墙式、附加阳光间式、蓄热屋顶池式、对流环路式五类。

10.3   主动式太阳能建筑技术

10.3.1 太阳墙采暖新风技术

1. 太阳墙系统的组成和工作原理

太阳墙系统由集热和气流输送两部分系统组成，房间是储热器。集热系统包括垂直墙板、遮雨板和支撑框架。气流输送系统包括风机和管道。太阳墙板材覆于建筑外墙的外侧，上面开有小孔，与墙体的间距由计算决定，一般为 200 mm 左右，形成的空腔与建筑内部通风系统的管道相连，管道中设置风机，用于抽取空腔内的空气(图 10.2)。

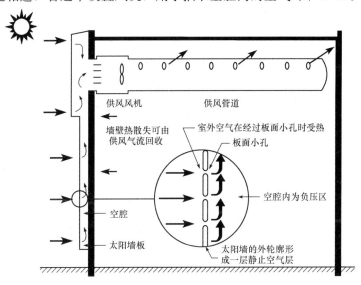

图 10.2 太阳墙系统工作原理

冲压成型的太阳墙板在太阳辐射作用下升到较高温度。同时，太阳墙与墙体之间的空气间层在风机作用下形成负压，室外冷空气在负压作用下通过太阳墙板上的孔洞进入空气间层，同时被加热，在上升过程中再不断被太阳墙板加热，到达太阳墙顶部的热空气被风机通过管道系统送至房间。与传统意义上的集热蓄热墙等方式不同的是，太阳墙对空气的加热主要是在空气通过墙板表面的孔缝的时候，而不是空气在间层中上升的阶段。太阳墙板的外表面为深色(吸收太阳辐射热)，内表面为浅色(减少热损失)。在冬季天气晴朗时，太阳墙可以把空气温度提高 30 ℃左右。夜晚，墙体向外散失的热量被空腔内的空气吸收，在风扇运转的情况下被重新带回室内。这样既保持了新风量，又补充了热量，使墙体起到了热交换器的作用。夏季，风扇停止运转，室外热空气可从太阳墙板底部及孔洞进入，从上部和周围的孔洞流出，热量不会进入室内，因此不需特别设置排气装置。

太阳墙板材是由厚度为 1~2 mm 的镀锌钢板或铝板构成，外侧涂层具有强烈吸收太阳热、阻挡紫外线的良好功能，一般是黑色或深棕色。为了建筑美观或色彩协调，其他颜色也可以使用，主要的集热板用深色，装饰遮板或顶部的饰带用补充色。为空气流动及加热需要，板材上打有孔洞，孔洞的大小、间距和数量应根据建筑物的使用功能与特点、所在地区纬度、太阳能资源、辐射热量进行计算和试验确定，能平衡通过孔洞流入的空气量和被送入距离最近的风扇的空气量，以保证气流持续、稳定、均匀，以及空气通过孔洞获得最多的热量。不希望有空气渗透的地方，如接近顶部处，可使用无孔的同种板材及密封条。板材由钢框架支撑，用自攻螺栓固定在建筑外墙上。

应根据建筑设计要求来确定所需的新风量，尽量使新风全部经过太阳墙板；如果不确定新风量的大小，则应以最大尺寸设计，南向可利用墙面及墙窗比例，以达到预热空气的良好效果。一般情况下，每平方米的太阳墙空气流量可达到 22~44 m³/h。

风扇的个数需要根据建筑面积计算来决定。风扇由建筑内供电系统或屋面安装的太阳能光电板提供电能，根据气温，智能或人工控制运转。屋面的通风管道要做好保温和防水。

太阳墙理想的安装方位是南向及南偏东西 20°以内，也可以考虑在东西墙面上安装。坡屋顶也是设置太阳墙的理想位置，它可以方便地与屋顶的送风系统联系起来。

2. 太阳墙系统的运行与控制

只依靠太阳墙系统采暖的建筑，在太阳墙顶部和典型房间各安装一个温度传感器。冬季工况：以太阳墙顶部传感器的设定温度为风机启动温度（即设定送风温度），房间设定温度为风机关闭温度（即设定室温），当太阳墙内空气温度达到设定温度时，风机启动向室内送风；当室内温度达到设定室内温度后或者太阳墙内空气温度低于设定送风温度时，风机关闭停止送风，当室内温度低于设定室温送风温度、高于设定送风温度时，风机启动继续送风。夏季工况：当太阳墙中的空气温度低于传感器设定温度时，风机启动向室内送风；室温低于设定室温或室外温度高于设定送风温度时，风机停止工作；当室温高于设定室温，同时室外温度低于太阳墙顶部传感器设定温度时，风机启动继续送风。

当太阳墙系统与其他采暖系统结合，同时为房间供热时，除在太阳墙顶部和典型房间中安装温度传感器外，在其他采暖系统上也装设温控装置（如在热水散热器上安装温控阀）。太阳墙提供热量不够的部分由其他采暖系统补足。也可以采用定时器控制，每天在预定时段将热（冷）空气送入室内。

3. 太阳墙系统的特点

太阳墙使用多孔波形金属板集热，并与风机结合，与用传统的被动式玻璃集热的做法相比，有自己独特的优势和特点。

(1)热效率高。研究表明，与依靠玻璃来收集热量的太阳能集热器相比，该种太阳能集热系统效率更高。因为玻璃会反射掉大约15%的入射光，削减了能量的吸收，而用多孔金属板能捕获可利用太阳能的80%，每年每平方米的太阳墙能得到2 GJ(2×10^9 J)的热量。另外，根据房间不同用途，确定集热面积和角度，可达到不同的预热温度，晴天时能把空气预热到30 ℃以上，阴天时能吸收漫射光所产生的热量。

(2)良好的新风系统。目前，对于很多密闭良好的建筑来说，冬季获取新风和保持室内适宜温度很难兼得。而太阳墙可以把预热的新鲜空气通过通风系统送入室内，合理通风与采暖有机结合，通风换气不受外界环境影响，气流宜人，有效提高了室内空气质量，保持室内环境舒适，有利于使用者身体健康。与传统的特朗勃墙（Trombe，室内空气多次循环加热）相比，这也是优势所在。

太阳墙系统与通风系统相结合，不但可以通过风机和气阀控制新风流量、流速及温度，还可以利用管道把加热的空气输送到任何位置的房间。因此，不仅南向房间能利用太阳能采暖，北向房间同样能享受到太阳的温暖，更好地满足了建筑取暖的需要，这是太阳墙系统的独到之处。

(3)经济效益好。该系统使用金属薄板集热，与建筑外墙合二为一，造价低。与传统燃料相比，每平方米集热墙每年减少采暖费用80～200美元。另外，还能减少建筑运行费用、降低对环境的污染，经济效益很好。太阳墙集热器回收成本的周期在旧建筑改造工程中为6～7年，而在新建建筑中仅为3年或更短时间，而且使用中不需要维护。

(4)应用范围广。因为太阳墙设计方便，其作为外墙美观耐用，所以应用范围广泛，可用于任何需要辅助采暖、通风或补充新鲜空气的建筑，建筑类型包括工业、商业、居住、办公、学校、军用建筑及仓库等，还可以用来烘干农产品，避免其在室外晾晒时因雨水或昆虫而损失。另外，该系统安装简便，能安在任何不燃墙体的外侧及墙体现有开口的周围，便于旧建筑改造。

4. 太阳墙系统的应用实例

位于美国科罗拉多州丹佛市的联邦特快专递配送中心(FedEx)，因为工作需要，有大量卡车穿梭其中，所以建筑对通风要求很高。在选择太阳能集热系统时，联邦特快专递配送中心在南墙上安装了 465 m² 的铝质太阳墙板，太阳墙所提供的预热空气的流量达到 76 500 m³/h。这些热空气通过 3 个 5 马力的风机进入 200 m 长的管道，然后分配到建筑的各个房间。该系统每年可节省大约 7 万立方米天然气，节约资金 12 000 美元。另外，红色的太阳墙与建筑其他立面上的红色色带相呼应，整体外观和谐美观(图 10.3)。

图 10.3 美国丹佛市联邦特快专递配送中心

在生产过程中补充被消耗的气体是工业设备的一个重要需求。加拿大多伦多市 ECG 汽车修理厂的设备需要大量新鲜空气来驱散修理汽车时产生的烟气。该厂使用了太阳能加热空气系统，在获得所需新鲜空气的同时，也节省了费用。ECG 的太阳墙通风加热系统从 1999 年 1 月开始运行。公司的评估报告表明，该系统使公司每年天然气的使用量减少 11 000 m³，相当于至少减少 20 t 二氧化碳的排放量，运行第一年就为公司节省了 5 000～6 000 美元。

10.3.2 太阳能热水辐射采暖

太阳能热水辐射采暖的热媒是温度为 30 ℃～60 ℃ 的低温热水，这就使利用太阳能作为热源成为可能。按照使用部位的不同，太阳能热水辐射采暖可分为太阳能顶棚辐射采暖、太阳能地板辐射采暖等几类，本节仅介绍目前使用较为普遍的太阳能地板辐射采暖。

1. 特点

传统的供热方式主要是散热器采暖，即将暖气片布置在建筑物的内墙上，这种供暖方式存在以下几个方面的不足：

(1)影响居住环境的美观程度，减少了室内空间。

(2)房间内的温度分布不均匀。靠近暖气片的地方温度高，远离暖气片的地方温度低。

(3)供热效率低下。

(4)散热器采暖的主要散热方式是对流，这种方式容易造成室内环境的二次污染，不利于营造一个健康的居住环境。

(5)在竖直方向上，房间内的温度分布与人体需要的温度分布不一致，使人产生头暖脚凉的不舒适感觉(图 10.4)。

与传统采暖方式相比，太阳能地板辐射采暖技术主要具有以下几个方面的优点：

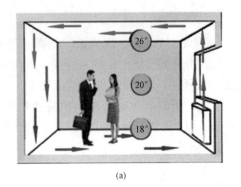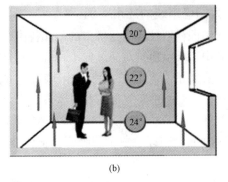

(a)   (b)

图 10.4 传统采暖方式与太阳能地板辐射采暖室内温度分布对比

(a)传统采暖；(b)太阳能地板辐射采暖

(1)降低室内设计温度。影响人体舒适度的因素之一为室内平均辐射温度。当采用太阳能地板辐射采暖时，由于室内围护结构内表面温度的提高，所以，其平均辐射温度也要加大，一般室内平均辐射温度比室温高 2 ℃～3 ℃。因此，要得到与传统采暖方式同样舒适的效果，室内设计温度值可降低 2 ℃～3 ℃。

(2)舒适性好。以地板为散热面，在向人体和周围空气辐射换热的同时，还向四周的家具及外围护结构内表面辐射换热，使壁面温度升高，减少了四周表面对人体的冷辐射。由于具有辐射强度和温度的双重作用，使室温比较稳定，温度梯度小，形成真正符合人体散热要求的热环境，给人以脚暖头凉的舒适感，可使脑力劳动者的工作效率提高。

(3)适用范围广。解决了大跨度和矮窗式建筑物的采暖需求，尤其适用于饭店、展览馆、商场、娱乐场所等公共建筑，以及对采暖有特殊要求的厂房、医院、机场和畜牧场等。

(4)可实现分户计量。目前我国采暖收费基本上是采用按采暖面积计费的方法。这种计费方法存在很多弊端，导致能源的极大浪费。最合理的计费方法应该是按用户实际用热量来核算。要采用这种计费方法，就必须进行单户热计量，而进行单户热计量的前提是每个用户的采暖系统必须能够单独进行控制，这点对于常规的散热器采暖方式来说是不容易做到的(必须经过复杂的系统改造)。而太阳能地板辐射采暖一般采用双管系统，以保证每组盘管供水温度基本相同。采用分、集水器与管路连接，在分水器前设置热量控制计量装置，可以实现分户控制和热计量收费。

(5)卫生条件好。室内空气流速较小，平均为 0.15 m/s，可减少灰尘飞扬，减少墙壁面或空气的污染，消除了普通散热器积尘面挥发的异味。

(6)高效节能。供水温度为 30 ℃～60 ℃，使得利用太阳能成为可能，节约常规能源。室内设计温度值如第(1)条所述，可降低 2 ℃～3 ℃。根据有关资料介绍，室内温度每降低 1 ℃，可节约燃料 10%左右，因此，太阳能地板辐射采暖可节约燃料 20%～30%。如第(4)条所述，若采用按热表计量收费来代替按采暖面积收费，据国外资料统计，又可节约能源 20%～30%。

(7)扩大了房间的有效使用面积。采用暖气片采暖，一般在 100 m² 的空间，其占有效使用面积达 2 m² 左右，而且上下立横管多，给用户装修和使用带来诸多不便。采用太阳能地板辐射采暖，管道全部在地面以下，只用一个分集水器进行控制，解决了传统采暖方式的诸多问题。

(8)使用寿命长。太阳能低温地板采暖，塑料管埋入地板中，如无人为破坏，使用寿命在 50 年以上，不腐蚀、不结垢，节约维修和更换费用。

2. 原理及系统组成

太阳能地板辐射采暖是一种将集热器采集的太阳能作为热源，通过敷设于地板中的盘管加热地面进行供暖的系统，该系统是以整个地面作为散热面，传热方式以辐射散热为主，其辐射换热量占总换热量的 60% 以上。

典型的太阳能地板辐射采暖系统（图 10.5）由太阳能集热器、控制器、集热泵、蓄热水箱、辅助热源、供水、回水管、阀门若干、三通阀、过滤器、循环泵、温度计、分水器、加热器组成。

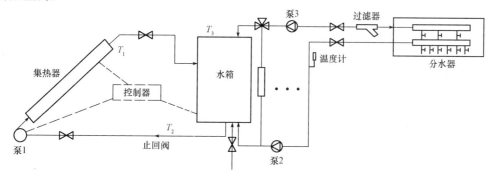

图 10.5　太阳能地板辐射采暖系统图

当 $T_1 > 50$ ℃时，控制器就启动水泵，水进入集热器进行加热，并将集热器的热水压入水箱，水箱上部温度高，下部温度低，下部冷水再进入集热器加热，构成一个循环。当 $T_1 < 40$ ℃时，水泵停止工作，为防止反向循环及由此产生的集热器的夜间热损失，则需要一个止回阀。当蓄热水箱的供水水温 $T_3 > 45$ ℃时，可开启泵 3 进行采暖循环。与其他太阳能的利用一样，太阳能集热器的热量输出是随时间变化的，它受气候变化周期的影响，所以，系统中有一个辅助加热器。

当阴雨天或是夜间太阳能供应不足时，可开启三通阀，利用辅助热源加热。当室温波动时，可根据以下几种情况进行调节：如果可利用太阳能，而建筑物不需要热量，则把集热器得到的能量加到蓄热水箱中去；如果可利用太阳能，而建筑物需要热量，则把从集热器得到的热量用于地板辐射采暖；如果不可利用太阳能，建筑物需要热量，而蓄热水箱中已储存足够的能量，则将储存的能量用于地板辐射采暖；如果不可利用太阳能，而建筑物又需要热量，且蓄热水箱中的能量已经用尽，则打开三通阀，利用辅助能耗对水进行加热，用于地板辐射采暖。尤其需要指出，蓄热水箱存储了足够的能量，但不需要采暖，集热器又可得到能量，集热器中得到的能量无法利用或存储，为节约能源，可以将热量供应生活用热水。

蓄热水箱与集热器上下水管相连，供热水循环之用。蓄热水箱容量大小根据太阳能地板采暖日需热水量而定。在太阳能的利用中，为了便于维护加工，提高经济性和通用性，蓄热水箱已标准化。目前，蓄热水箱按照容积可分为 500 L 和 1 000 L 两种，外形均为方表。容积 500 L 的水箱外形尺寸为 778 mm×778 mm×800 mm，容积为 1 000 L 的水箱外形尺寸为 928 mm×928 mm×1 300 mm。

太阳能集热器的产水能力与太阳照射强度、连续日照时间及背景气温等密切相关。夏季产水能力强，是冬季的 4～6 倍。而夏季却不需要采暖，洗浴所需的热水也较冬季少。为了克服此矛盾，可以尝试把太阳能夏季生产的热水保温储存下来，留在冬季及阴雨季节使用，这就不仅可以发挥太阳能采暖系统的最佳功能，而且还可以大大降低辅助能的使用。在目前技术条件下，最佳的方案就是把夏季太阳能加热的热水就地回灌储存于地下含水岩层中，不过该技术还需进一步研究和探讨。

3. 地板结构形式

地板结构形式与太阳能地板辐射采暖效果息息相关，这里从构造做法和盘管敷射方式两方面进行阐述。

(1)构造做法。按照施工方式，太阳能地板辐射采暖的地板构造做法可分为湿式和干式两类。

1)湿式太阳能地板采暖结构形式。图 10.6 所示为湿式太阳能地板采暖结构的示意图。在建筑物地面基层做好之后，首先敷设高效保温和隔热的材料，一般用的是聚苯乙烯板或挤塑板，在其上铺设铝箔反射层，然后将盘管按一定的间距固定在保温材料上，最后回填豆石混凝土。填充层的材料宜采用 C15 豆石混凝土，豆粒径宜为 5～12 mm。盘管的填充层厚度不宜小于 50 mm，在找平层施工完毕后，再做地面层，其材料不限，可以是大理石、瓷砖、木质地板、塑料地板、地毯等。

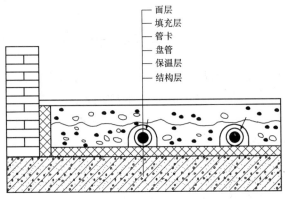

图 10.6 湿式太阳能地板采暖地板构造示意

2)干式太阳能地板采暖结构形式。图 10.7 所示为另外一种地板结构形式，被称为干式太阳能低温热水地板辐射采暖地板构造。此干式做法是将加热盘管置于基层上的保温层与饰面层之间无任何填埋物的空腔中，因为它不必破坏地面结构，因此可以克服湿式做法中重度大、维修困难等不足，尤其适用于建筑物的太阳能地板辐射采暖改造，为太阳能地板辐射采暖在我国的推广提供新动力，从而丰富和完善了该项技术的应用，是适应我国建筑条件和住宅产品多元化需求的有益探索和实践。

(2)盘管敷设方式。太阳能地板辐射采暖系统盘管的敷设方式分为蛇型和回型两种。蛇型敷设又分为单蛇型、双蛇型和交错双蛇型敷

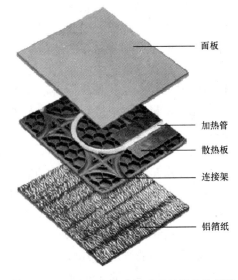

图 10.7 干式太阳能地板采暖地板构造示意

设三种；回型敷设又分为单回型、双回型和对开双回型敷设三种。

影响盘管敷设方式的主要因素是盘管的最小弯曲半径。由于塑料材质的不同，相同直径盘管最小弯曲半径是不同的。如果盘管的弯曲半径太大，盘管的敷设方式将受到限制。而满足弯曲半径的同时，也要使太阳能地板辐射供暖的热效率达到最大。对于双回形布置，经过板面中心点的任何一个剖面，埋管是高低温管相间隔布置，存在"零热面"和"均化"效应，从而使这种敷设方式的板面温度场比较均匀，且铺设弯曲度数大部分为 90°弯，故铺设简单，也没有埋管相交问题。

4. 主要设计参数的确定

(1)地板表面平均温度。太阳能地板辐射采暖地板表面温度是根据人体舒适感、生理条件要求，参照《地面辐射供暖技术规程》(JGJ 142—2012)来确定的，具体推荐数值见表 10.1。

表 10.1　太阳能地板辐射采暖的地板表面温度取值　　　　　　　　　　　℃

不同使用情况	地板表面平均温度	地板表面平均温度最高限值
经常有人停留的地面	24～26	28
短期有人停留的地面	28～30	32
无人停留的地面	35～40	42
泳池及浴室地面	30～35	35

(2)供水、回水温度。在太阳能地板辐射采暖设计中，从安全和使用寿命考虑，民用建筑的供水温度不应超过 60 ℃，供水、回水温差宜小于或等于 10 ℃。

(3)供热负荷。太阳能地板辐射采暖系统是由盘管经地面向室内散热，由于受到填充层、面层的影响，提高了传热热阻，大大降低了盘管的散热量。一般来说，同种地板装饰层的厚度越小，地板表面的平均温度就越高，但均匀性越差；厚度越大，地板表面的平均温度将会降低，同时均匀性得到了加强。地面散热量则随着厚度的增加而有所下降，但下降的数额较少。因此，在确定热负荷时，要适当考虑这些因素的影响。

另外，由于太阳能地板辐射采暖主要以辐射的传热方式进行供暖，形成较合理的温度场分布和热辐射作用，可有 2 ℃～3 ℃的等效热舒适度效应。因此，供暖热负荷计算宜将室内计算温度降低 2 ℃，或取常规对流式供暖方式计算供暖热负荷的 90%～95%，也就是说，可以适当降低建筑物热负荷。

另外，对于采用集中供暖分户热计量或采用分户独立热源的住宅，应考虑间歇供暖、户间建筑热工条件和户间传热等因素，房间的热负荷计算应增加一定的附加量。因此，在设计计算热负荷时，应对以上问题综合加以考虑，确定符合工程实际的建筑热负荷。

据地板辐射采暖的设计经验，全面辐射采暖的热负荷，应按有关规范进行。对计算出的热负荷乘以 0.9～0.95 修正系数或将室内计算温度取值降低 2 ℃均可。局部采暖的热负荷，应再乘以附加系数(表 10.2)。

表 10.2　局部采暖热负荷附加系数

采暖面积与房间总面积比值	0.55	0.40	0.25
附加系数	1.30	1.35	1.50

（4）管间距。加热管的敷设管间距，应根据地面散热量、室内计算温度、平均水温及地面传热热阻等通过计算确定。

（5）水力计算。盘管管路的阻力包括沿程阻力和局部阻力两部分。由于盘管管路的转弯半径比较大，局部阻力损失很小，可以忽略。因此，盘管管路的阻力可以近似认为是管路的沿程阻力。

（6）埋深。厚度不宜小于 50 mm；当面积超过 30 m²或长度超过 6 m 时，填充层宜设置间距小于或等于 5 m，宽度大于或等于 5 mm 的伸缩缝。当面积较大时，间距可适当增大，但不宜超过 10 m；当加热管穿过伸缩缝时，宜设长度不大于 100 mm 的柔性套管。

（7）流速。加速管内水的流速不应小于 0.25 m/s，不超过 0.5 m/s。同一集配装置的每个环路加热管长度应尽量接近，一般不超过 100 m，最长不能超过 120 m。每个环路的阻力不宜超过 30 kPa。

（8）太阳能热水器选择。我国北方寒冷地区的冬季最低温度可达−40 ℃，因此，选择太阳能热水器应考虑其安全越冬问题。目前国内生产的全玻璃真空管和热管式真空管已经解决了这个问题。

5. 施工过程

太阳能地板辐射采暖系统的施工安装工作，如果组织不当，会对使用效果造成很大影响。太阳能地板辐射采暖具体施工步骤应当严格划分为三个阶段，即施工前准备阶段、施工安装阶段、压力试验阶段（图 10.8～图 10.16）。

图 10.8　设置墙柱伸缩缝

图 10.9　设保温层

图 10.10　处理电路套管

图 10.11　铺设反射层

图 10.12　铺设盘管

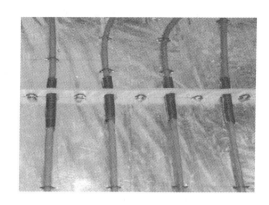

图 10.13　伸缩缝设置

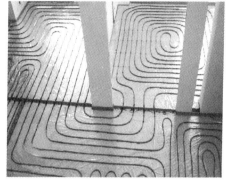

图 10.14　盘管铺设完成

图 10.15　压力实验

图 10.16　豆石混凝土回填

(1)施工前准备阶段。安装前,参与施工管理和施工作业的项目部组成人员应当充分理解目标建筑物的结构,设计蓝图的技术部组成人员应当充分了解目标建筑物的结构、设计蓝图的技术要求,编制详尽的施工组织设计,熟悉项目施工的进度和总承包单位的现场各项要求。对需要作业的工作面进行验收和熟悉,清理要铺设太阳能地板辐射采暖系统的施工区域内场地,地表面要平整、干净,无凹凸部位,无其他杂物、积水。涉及提前预埋隐蔽的各类水、电管线和防水处理的空间,应当及时向有关单位提出,并要求在完成隐蔽验收合格的前提下方可施工地暖,以免后期运行时发生不必要的纠缠。地暖敷设前应当先行施工找平层,严格按照工艺要求验收,并保证基层的平整度,待找平层凝固硬化后方可敷设保温层。地暖管布设时，应避免环境温度过低和雨天作业。在系统工程施工中，一定要避免施工程序在同一作业面上交叉进行。尽可能地做到地暖施工时无其他专业人员同时施工、安装，以免影响地暖成品的保护工作。

（2）施工安装阶段。进入现场的施工人员要求一律穿软鞋或布鞋，严禁穿皮鞋或带铁掌类鞋进场。地暖施工安装阶段应当按照定位安装分集水器、敷设保温层、铺设反射层、布设边墙保温带、弹线定位、布设地暖管道、布设护套管、布设伸缩缝的程序工作。

安装施工人员应充分熟悉太阳能地板采暖的各类材料性能，尤其是管材性能，掌握操作要点，严禁盲目施工。管材等物品在搬运过程中要轻拿轻放，要按正确的位置摆放整齐，不得受尖锐物品撞击，不得抛掷或在烈日下暴晒。尤其在严寒季节和雨期施工，更需特别注意遵守有关操作规定。如进驻施工现场与材料存放处温差较大时，应提前将管材现场放置一定时间，再进行施工。

保温层的铺设要平整、严实，搭接的板面必须用刀裁平，直到整齐。即使局部过小的空间，也不可用碎板。

反射层铺设要平整、粘接牢固，反射膜表面除固定 PEX 盘管的塑料卡钉外，各处不得有其他破损。

地暖盘管安装前，对其外观和接头公差的配合应进行细致检查，并清除管件内外污垢及杂物。PEX 管在敷设前须检查外观质量，有外伤、破损的不准许使用。管道系统安装未完成的敞口处，应随时进行封堵。

地暖管道固定时，一定要平实、牢固，严禁管道翘起。管道安装过程中，应防止油漆、沥青等有机物与盘管接触造成管道污染。在填充层作业时，应当配合检查，切不可存在管道漂起的现象，以免管道上部的混凝土部分达不到规范的厚度，影响装修和后续使用。盘管按图纸要求间距大小、盘管形式进行放线、盘管铺设，管材弯曲半径大于 300 倍管外径；其间距误差小于 20 mm；管卡钉定在保温层上，接缝处或弯曲段酌情适当加密，与分、集水器连接处加波纹套管；穿越膨胀缝、墙体时，加波纹套管，两端出墙 100 mm。膨胀缝材和边墙保温不可省去，纵深大于 6 m 或 30 m² 的空隙一定要布设。可将 3 cm 宽的聚苯乙烯板条按照管间距挖出半圆卡在管道上，用手压实，力求做到直、平、实。边墙膨胀带高度根据设计要求比盘管填充混凝土高度平均大 60 mm。

太阳能地板辐射采暖系统供、回水管路，以及分水器、太阳能集热器安装完毕后，进行试压（宜采用气压进行），待确认供水、回水管道及分、集水器内干净后，再连接盘管；在供水管路上设置过滤器。

（3）压力实验阶段。太阳能地板采暖的施工工作虽然结束，但是试压和验收工作也是不可忽略和减少的。太阳能地板采暖系统采用的试压，是在管路系统验收合格之后进行的。工程试压均采用压力泵产生气压对管道进行试压。

压力试验时，对盘管和构件要采取安全有效的固定和保护措施。试验压力值为 0.6 MPa。

试压步骤如下：开启压力泵升至一定压力，然后徐徐开启通往低温地板采暖系统的分、集水器的连接阀，使 PEX 盘管系统在 15 min 充压至 0.6 MPa 后，关闭各支路阀门，然后分别开启分、集水器上的各路阀门，再开启压力泵，往盘管系统内充气，直至压力升至 0.6 MPa，稳压 1 h 后，观察其渗漏情况，调整至不渗漏为止。稳压 1 h 后，补压至 0.6 MPa，15 min 内压力降不超过 0.05 MPa，无渗漏为合格。

10.3.3　太阳能热泵

由于太阳能受季节和天气影响较大，能量密度较低，在太阳辐射强度小、时间少或气温较低、对供热要求较高的地区，普通太阳能供热系统的应用受到很大限制，存在诸多问题。例如，白天集热板板面温度的上升导致集热效率下降；在夜间或阴雨天没有足够的太阳辐射时，无法实现连续供热，如采用辅助加热方式，则又要消耗大量的其他能源；启动速度慢，加热周期较长；传统的太阳集热器与建筑不易结合，在一定程度上影响了建筑的美观；常规的太阳热水器需要在房顶设水箱，在夜间气温较低时，储水箱和集热器向外界散热造成大量的热量损失等。为克服太阳能利用中的上述问题，人们不断探索各种新的、更高效的能源利用技术，热泵技术在此过程中受到了相当的重视。将热泵技术与太阳能装置结合起来，可扬长避短，有效提高太阳能集热器集热效率和热泵系统性能，充分利用两种技术的优势，同时避免了两种技术存在的问题，解决了全天候供热问题，同时实现了使用一套设备解决冬季采暖和夏季制冷的问题，节省了设备初投资，在工程实践中已取得了非常好的实用效果。

1. 热泵概述

热泵技术是一种很好的节能型空调制冷供热技术，是利用少量高品位的电能作为驱动能源，从低温热源高效吸取低品位热能，并将其传输给高温热源，以达到泵热的目的，从而转能质系数低的能源为能质系数高的能源（节约高品位能源），即提高能量品位的技术。根据热源不同，可分为水源、地源、气源等形式的热泵；根据原理不同，又可分为吸收吸附式、蒸汽喷射式、蒸汽压缩式等形式的热泵。蒸汽压缩式热泵因其结构简单、工作可靠、效率较高而被广泛采用。其工作原理如图 10.17 所示。

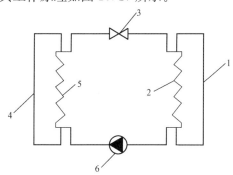

图 10.17　蒸汽压缩式热泵工作原理示意
1—低温热源；2—蒸发器；3—节流阀；4—高温热源；5—冷凝器；6—压缩机

热泵可以看成是一种反向使用的制冷机，与制冷机所不同的只是工作的温度范围。蒸发器吸热后，其工质的高温低压过热气体在压缩机中经过绝热压缩变为高温高压的气体后，经冷凝器定压冷凝为低温高压的液体（放出工质的气化热等，与冷凝水进行热交换，使冷凝水被加热为热水供用户使用），液态工质再经降压阀绝热节流后变为低温低压液体，进入蒸发器定压吸收热源热量，并蒸发变为过热蒸气完成一个循环过程。如此循环往复，不断地将热源的热能传递给冷凝水。

根据热力学第一定律，有：

$$Q_g = Q_d + A$$

根据热力学第二定律，压缩机所消耗的电功 A 起到补偿作用，使得制冷剂能够不断地从低温环境吸热(Q_d)，并向高温环境放热(Q_g)，周而复始地进行循环。因此，压缩机的能耗是一个重要的技术经济指标，一般用性能系数(Coefficient Of Performance，COP)来衡量装置的能量效率，其定义为：

$$COP = Q_g/A = (Q_d + A)/A = 1 + Q_d/A$$

显然，热泵 COP 永远大于 1。因此，热泵是一种高效节能装置，也是制冷空调领域内实施建筑节能的重要途径，对于节约常规能源、缓解大气污染和温室效应起到积极的作用。

所有形式的热泵都有蒸发和冷凝两个温度水平，采用膨胀阀或毛细管实现制冷剂的降压节流，只是压力增加的不同形式，主要有机械压缩式、热能压缩式和蒸气喷射压缩式。其中，机械压缩式热泵又称作电动热泵，目前已经广泛应用建筑采暖和空调，在热泵市场上占据了主导地位；热能压缩式热泵包括吸收式和吸附式两种形式，其中水-溴化锂吸收式和氨-水吸收式热水机组已经逐步走上商业化发展的道路，而吸附式热泵目前尚处于研究和开发阶段，还必须克服运转间歇性及系统性能和冷重比偏低等问题，才能真正应用于实际。根据热源形式的不同，热泵可分为空气源热泵、水源热泵、土壤源热泵和太阳能热泵等。国外的文献通常将地下水热泵、地表水热泵与土壤源热泵统称为地源热泵。

2. 太阳能热泵概述

蒸汽压缩式热泵在实际应用中也遇到了一定的问题，最为突出的就是当冬天的大气温度很低时，热泵系统的效率比较低。既然太阳能热利用系统中的集热器在低温时集热效率较高，而热泵系统在其蒸发温度较高时系统效率较高，那么可以考虑采用太阳能加热系统来作为热泵系统的热源。太阳能热泵是节能装置，其是热泵与太阳能集热设备、蓄热机构相连接的新型供热系统。这种系统形式不仅能够有效地克服太阳能本身所具有的稀薄性和间歇性，而且可以达到节约高位能和减少环境污染的目的，具有很大的开发、应用潜力。随着人们对获取生活用热水的要求日趋提高，具有间断性特点的太阳能难以满足全天候供热的要求。热泵技术与太阳能利用相结合无疑是一种好的解决方法。

这种太阳能与热泵联合运行的思想，最早是由 Jordan 和 Threlkeld 在 20 世纪 50 年代的研究中提出。在此之后，世界各地有众多的研究者相继进行了相关的研究，并开发出多种形式的太阳能热泵系统。早期的太阳能热泵系统多是集中向公共设施或民用建筑供热的大型系统，例如，20 世纪 60 年代初期，Yanagimachi 在日本东京、Bliss 在美国的亚利桑那州都曾利用无盖板的平板集热器与热泵系统结合，设计了可以向建筑供热和供冷的系统，但是由于效率较低、初投资较大等原因没有推广开来。后来，出现了向用户供应热水的太阳能热泵系统，特别是近些年来，供应 40 ℃～70 ℃ 中温热水的系统引起了人们广泛的兴趣，相继有众多的研究者都对此进行了深入的研究。

按照太阳能和热泵系统的连接方式，太阳能热泵系统分为串联系统、并联系统和混合连接系统，其中串联系统又可分为传统串联式系统和直接膨胀式系统。

传统串联式系统如图 10.18 所示。在该系统中，太阳能集热器和热泵蒸发器是两个独立的部件，它们通过储热器实现换热，储热器用于存储被太阳能加热的工质(如水或空气)，热泵系统的蒸发器与其换热使制冷剂蒸发，通过冷凝将热量传递给热用户。这是最基本的太阳能热泵的连接方式。

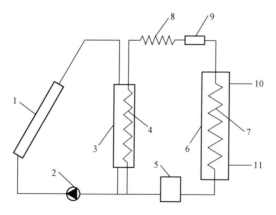

图 10.18　串联式太阳能热泵系统

1—平板式集热器；2—水泵；3—换热器；4—蒸发器；5—压缩机；6—水箱；

7—冷凝盘管；8—毛细管；9—干燥过滤器；10—热水出口；11—冷水入口

直接膨胀式系统如图 10.19 所示。该系统的太阳集热器内直接充入制冷剂，太阳集热器同时作为热泵的蒸发器使用，集热器多采用平板式。最初使用常规的平板式太阳集热器；后来又发展为没有玻璃盖板，但有背部保温层的平板集热器；甚至还有结构更为简单的，既无玻璃盖板也无保温层的裸板式平板集热器。有人提出采用浸没式冷凝器（即将热泵系统的冷凝器直接放入储水箱），这会使得该系统的结构进一步地简化。目前直接膨胀式系统因其结构简单、性能良好，日益成为人们研究关注的对象，并已经得到实际的应用。

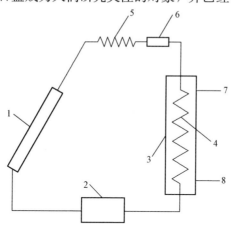

图 10.19　直接膨胀式太阳能热泵系统

1—平板式集热器；2—压缩机；3—水箱；4—冷凝盘管；5—毛细管；

6—干燥过滤器；7—热水出口；8—冷水入口

并联式系统如图 10.20 所示。该系统是由传统的太阳集热器和热泵共同组成，它们各自独立工作，互为补充。热泵系统的热源一般是周围的空气。当太阳辐射足够强时，只运行太阳能系统；否则，运行热泵系统或两个系统同时工作。

混合连接系统也称双热源系统，实际上是串联和并联系统的组合，如图 10.21 所示。

混合式太阳能热泵系统设有两个蒸发器，一个以大气为热源，另一个以被太阳能加热的工质为热源。根据室外具体条件的不同，有以下三种不同的工作模式：

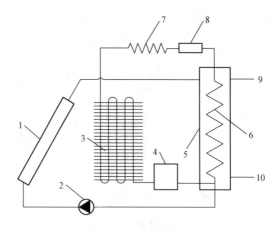

图 10.20　并联式太阳能热泵系统

1—平板式集热器；2—水泵；3—蒸发器；4—压缩机；5—水箱；
6—冷凝盘管；7—毛细管；8—干燥过滤器；9—热水出口；10—冷水入口

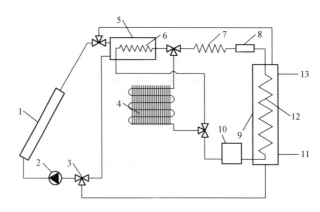

图 10.21　混合式太阳能热泵系统

1—平板式集热器；2—水泵；3—三通阀；4—空气源蒸发器；5—中间换热水箱；
6—以太阳能加热的，以水或空气为热源的蒸发器；7—毛细管；8—干燥过滤器；
9—水箱；10—压缩机；11—冷水入口；12—冷凝盘管；13—热水出口

（1）当太阳辐射强度足够大时，不需要开启热泵，直接利用太阳能即可满足要求。

（2）当太阳辐射强度很小，以至水箱中的水温很低时，开启热泵，使其以空气为热源进行工作。

（3）当外界条件介于两者之间时，使热泵以水箱中被太阳能加热了的工质为热源进行工作。

3. 太阳能热泵设计要点

集热器是太阳能供热、供冷中最重要的组成部分，其性能与成本对整个系统的成败起着决定性作用。为此，常在 10 ℃~20 ℃低温下集热，再由热泵装置进行升温的太阳能供热系统，是一种利用太阳能较好的方案。即把 10 ℃~20 ℃较低的太阳热能经热泵提升到 30 ℃~50 ℃，再供热。

解决好太阳能利用的间歇性和不可靠性问题。太阳能热泵的系统中，由于太阳能是一个强度多变的低位热源，一般都设太阳能蓄热器，常用的有蓄热水槽、岩石蓄热器等。热泵系统中的蓄热器可以用于储存低温热源的能量，将由集热器获得的低位热量储存起来，蓄热器有的分别安装在热泵低温侧(10 ℃～20 ℃)和高温侧(30 ℃～50 ℃)两边,有的只装在低温侧。因为只在高温侧一边设置蓄热槽,热泵热源侧的温度变化大,影响热泵工况的稳定性。日照不足的过渡季节可简单地用卵石床蓄热。

设计太阳能热泵集热系统时,以下两个主要设计参数是必须计算研究的:一个是太阳能集热器面积;另一个是太阳能集热器安装倾角。

太阳能集热系统的设计原则以下:

(1)太阳能集热器在冬季作用,必须具有良好的防冻性能,目前各类真空管太阳能集热器可基本满足要求,但其他类型的集热器则应配备防冻功能。

(2)太阳能集热器的安装倾角,应使冬季最冷月1月份集热器表面上接收的入射太阳辐射量最大。

(3)确定太阳能集热器面积时,应对设计流量下适宜的集热器出水温度进行合理选择,避免确定的集热器面积过大。

(4)必须配置可靠的系统控制设施,以在太阳能供热状态和辅助热源供热状态之间作灵活切换,保证系统正常运行。

在太阳能集热器的选型上,要合理确定冬季热泵供热用太阳能集热量、夏季生活热水用热量及冬季辅助加热量,做到投资运行最佳效益。

4. 工程应用

太阳能热泵系统凭借其出色的冬季工况表现,近年来开始应用在建筑采暖及生活热水制备等领域,取得了良好效果。

位于北京天普太阳能集团工业园的新能源示范大楼是一座集住宿、餐饮、娱乐、展览、会议、办公等多种功能为一体的综合楼,总建筑面积为 8 000 m,如图 10.22 所示。新能源示范大楼的太阳能热泵系统的目标是满足大楼夏季空调、冬季供暖的需要。北京天普新能源示范大楼是国内规模最大的利用太阳能采暖、空调的工程。经过夏季试运行及采暖季节运行考验表明,系统工作稳定,可靠性强,达到了初期的设计目标,完全可以满足采暖和空调的要求。该太阳能热泵采暖空调系统主要具有以下特点:

图 10.22 北京天普新能源示范楼

(1)将集热器预制成安装模块,实现与建筑的良好结合。

(2)利用地源换热器作为太阳能热泵系统的辅助系统,简化了太阳能系统的构成,增加了太阳能空调采暖系统的可靠性。

(3)系统设置大容积地下蓄能水池,使太阳能系统实现全年工作,也降低了蓄能的损失。

(4)新能源利用率高,具有较强的节能优越性。在采暖季节,利用太阳能和废热的蓄热量接近总蓄热量的 80%,能耗比达到 3.54。

(5)环境效益明显,具有污染物排放量很少的环保优势。

系统主要由太阳能集热器阵列、溴化锂制冷机、热泵机组、蓄能水池和自动控制系统等部分组成，优先使用太阳能集热器向储能水池存贮的能量。在冬季，通过板式换热器将集热系统收集的热量贮存在蓄能水池；在夏季，吸收式制冷机以太阳能集热系统收集的热水为热源，制造冷冻水，作为储能水池的冷源。热泵作为太阳能空调的辅助系统。在冬季，当水池温度低于 33 ℃时或在用电低谷期启动，向蓄能水池供热；在夏季，当太阳能制冷无法维持池中水温在 18 ℃以下时，热泵向蓄能水池供冷，保持水池的温度。

在过渡季节，系统选用不同的工作模式启动太阳能部分制冷、制热。在春季，系统在蓄冷模式下工作，吸收式制冷机向蓄能水池提供冷冻水，降低蓄能水池的温度，为夏季供冷作准备；在秋季，系统转换成蓄热模式，太阳能集热系统向蓄能水池供热，提高水池的温度，为冬季供暖作准备。无论是冬季还是夏季，空调水系统的热水和冷冻水均由蓄能水池供给。在冬季，室内温度低于 18 ℃时，供能泵开启，向大楼供暖，当室内温度高于 20 ℃时，供能泵关闭；在夏季，室内温度高于 27 ℃时，供能泵向大楼供冷，当室内温度低于 23 ℃时，供能泵关闭。建筑全年采用自然通风。

太阳能集热系统采用 U 形管式真空管集热器和热管式真空管集热器，采光面积为 812 m²。考虑到与建筑一体化问题，集热器在安装前被预制成不同的模块，U 形管集热器和热管集热器由直径为 58 mm、长度为 1 800 mm 的真空管分别预制成 4 m×1.2 m 和 2 m×2.4 m 的安装模块。集热器布置在大楼南向坡屋顶，各排集热器并联连接，安装倾角为 38°左右。这样布置集热器不仅可以满足集热器的安装要求，还能够保证建筑物造型美观，充分体现出太阳能与建筑一体化的特色。在夏季，与建筑结合为一体的集热器还有隔热效果，达到了节能目的。由于太阳能的能量密度低，而且还要受时间、天气等条件的限制，要使空调系统能够全天候的工作，辅助系统是必不可少的。本系统采用了 1 台 GWHP400 地源热泵机组作为辅助系统(制冷能力为 464 kW，制热能力为 403 kW)。这样设置主要有：热泵既能制冷也能制热，不用同时增加锅炉和制冷机，降低了系统的复杂程度，简化了系统设计；热泵的启动和停止迅速，冬夏运行工况转换方便，便于控制等优点。

为了最大限度地利用太阳能，根据建筑空调的特点，系统设置了储能水池。本系统配置的储能水池容积为 1 200 m³，比通常的太阳能系统的储水箱要大得多，这是本系统设计的一大特点。大容积蓄能水池能保证水池的蓄能量，可满足建筑的需要；在建筑不需要空调的过渡季节，水池可提前蓄冷、蓄热，为空调季节作准备。蓄能水池能根据季节的要求进行蓄热和贮冷，集热器全年工作，利用率大大提高。蓄能水池设置在地下，传热温差远远小于与环境的温差，有利于减少储能的损失。

新能源示范大楼的生活热水供应，采用了独立的太阳能热水系统，这样可以避免生活热水系统与空调水系统之间的切换，降低系统复杂程度。太阳能生活热水系统的储热式全玻璃真空管集热模块安装在建筑物的南立面，共安装 48 个集热模块，总采光面积为 206 m²。模块与建筑融为一体，取消了常规的框架和水箱，模块也起到了良好的隔热保温效果。

将本方案与几种典型热源方案比较，来进行经济性分析。燃煤锅炉使用普通燃煤(热值为 20.9 MJ/kg)，燃油锅炉以柴油为燃料(热值为 42 MJ/kg)，燃气锅炉以天然气为燃料(热值为 49.5 MJ/kg)；燃煤锅炉、燃油锅炉和燃气锅炉的效率分别取 0.58、0.88 和 0.88。对各种方案的运行费用比较，只针对热源，不包括输配系统和终端设备。为简单起见，不计管理费用和维修费用。按照初期设计热负荷为 234 950 W，冬季热负荷指标取 30 W/m。使用燃煤、燃油和燃气供暖方案的运行天数以 75 d 计，每天 24 h 运行。用电的价格以高峰，平段和低谷分别为 0.5 元/(kW·h)，0.4 元/(kW·h)和 0.3 元/(kW·h)。

通过比较可知，太阳能热泵系统的供暖费用稍高于燃煤锅炉，低于燃油锅炉和燃气锅炉。由于环境保护的需要，城市中小型燃煤锅炉逐步退出民用建筑供暖领域已是必然趋势，因此，太阳能热泵系统供暖在经济运行方面已显示出优势和潜力，见表 10.3。

表 10.3　几种典型供暖方案经济性比较

供暖方案	太阳能热泵	燃煤锅炉	燃油锅炉	燃气锅炉
能源价格	—	0.22	2.8	1.40
燃料耗量/[kg·(m²·a)$^{-1}$]	—	16.0	5.3	4.46
冬季供暖费用/(元·m^{-2})	3.57	3.53	14.84	8.68

在采暖期内，各种采暖方案单位面积排放 CO_2 的数量如下：燃煤锅炉为 59.2 kg/m²，燃油锅炉为 16.54 kg/m²，燃气锅炉为 12.27 kg/m²，太阳能热泵系统方案不排放 CO_2。该方案对环境是最有益的。太阳能热泵系统的运行只使用电能，而其他方案除消耗电能外，均要产生 CO_2 等温室气体，尤其是燃煤锅炉产生的 NO_2、SO_2 等污染物是不容忽视的。由此可见，太阳能热泵系统用于空调采暖避免了对大气的污染，其环保优势是其他几种方案所不能比拟的。

10.4　被动式太阳能建筑采暖技术

10.4.1　基本集热方式类型及特点

1. 直接受益式

直接受益式是较早采用的一种太阳房，如图 10.23 和图 10.24 所示。南立面是单层或多层玻璃的直接受益窗，利用地板和侧墙蓄热。也就是说，房间本身是一个集热储热体，在日照阶段，太阳光透过南向玻璃窗进入室内，地面和墙体吸收热量，表面温度升高，所吸收热量的第一部分以对流的方式供给室内空气，第二部分以辐射方式与其他围护结构内表面进行热交换，第三部分则由地板和墙体的导热作用把热量传入内部蓄存起来；当没有日照时，被吸收的热量释放出来，主要加热室内空气，维持室温，其余则传递到室外。

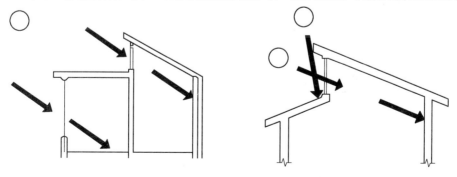

图 10.23　利用高侧窗直接受益(一)

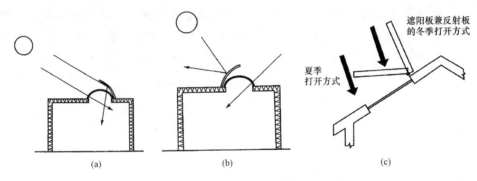

图 10.24　利用高侧窗直接受益(二)

(a)冬季利用反射板增强光照；(b)夏季反射板遮挡直射，漫射光采光；(c)坡屋顶天窗冬、夏季开启方式

直接受益窗是应用最广的一种方式。其特点是构造简单，易于制作、安装和日常的管理与维修；与建筑功能配合紧密，便于建筑立面处理，有利于设备与建筑的一体化设计；室温上升快；一般室内温度波动幅度稍大。非常适合冬季需要采暖且晴天多的地区，如我国的华北内陆、西北地区等。但缺点是白天光线过强，且室内温度波动较大，需要采取相应的构造措施。

直接受益式的太阳能集热方式非常适合与立面结合，往往能够创造出简约、现代的立面效果。设计者应根据建筑设计的条件进行选择，避免流于形式。

2. 集热蓄热墙式

1956 年，法国学者 Trombe 等提出了一种集热方案，在直接受益式太阳窗的后面筑起一道重型结构墙。利用重型结构墙的蓄热能力和延迟传热的特性获取太阳的辐射热。这种形式的太阳房在供热机理上与直接受益式不同，属于间接受益太阳能采暖系统。如图 10.25 所示，阳光透过玻璃照射在集热墙上，集热墙外表面涂有选择性吸收涂层以增强吸热能力，其顶部和底部分别开有通风孔，并设有可开启活门。在这种被动式太阳房中，透过透明盖板的阳光照射在重型集热墙上，墙的外表面温度升高，墙体吸收太阳辐射热，第一部分通过透明盖层向室外损失；第二部分加热夹层内的空气，从而使夹层内的空气与室内空气密度不同，通过上、下通风口而形成自然对流，由上通风孔将热空气送进室内；第三部分则通过集热蓄热墙体向室内辐射热量，同时加热墙内表面空气，通过对流使室内升温。

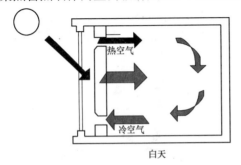
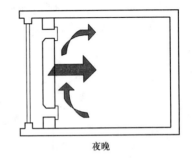

白天　　　　　　　　　　　　夜晚

图 10.25　集热蓄热墙式太阳房传热分析

集热蓄热墙有砖墙、花格墙、砖花格墙、水墙等形式，如图 10.26 所示。对于利用结构直接蓄热的墙体，墙体结构的主要区别在于通风口。按照通风口的有无和分布情况，可

分为三类：无通风口、在墙顶端和底部设有通风口(图10.27)、墙体均布通风口。通常把前两种称为"特朗勃(Trombe)墙"，后来，在实用中，建筑师米谢尔又做了一些改进，所以其在太阳能界也称为"特朗勃-米谢尔墙"。后一种称为"花格墙"。把花格墙用于局部采暖，是我国的一项发明，理论和实践均证明了其具有优越性。根据我国农村住房的特点，清华大学在北京郊区进行了旧房改太阳房的试验，得到了较好的效果。其做法是：先对原有房屋的后墙、侧墙和屋顶进行必要的保温处理，然后将南窗下的37坎墙改成当地农民使用低强度混凝土块砌筑的花格墙，表面涂无光黑漆，外加玻璃-涤纶薄膜透明盖板，并设有活动保温门。这种墙体在日照下能较多地蓄存热量，夜晚把保温门关闭，吸热混凝土块便向室内放热。这种"集热蓄热墙式太阳房"已成为目前广泛应用的被动式太阳房采暖形式之一。集热蓄热墙式与直接受益式相结合，既可充分利用南墙集热，又可与建筑结构相结合，并且室内昼夜温度波动较小。墙体外表面涂成深色、墙体与玻璃之间的夹层安装波形钢板或透明热阻材料(TIM)，都可以提高系统集热效率。可通过模拟计算或选择经验数值确定空气间层的厚度及通风口的尺寸(在设置通风口的情况下)，这是影响集热效果的重要数值。

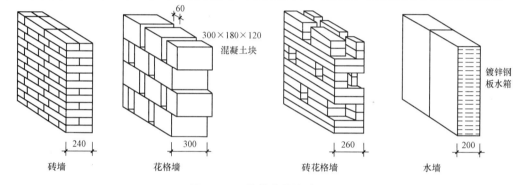

图 10.26　集热蓄热墙的形式

(a) (b)

图 10.27　有通风口的集热蓄热墙

(a)集热蓄热墙正面；(b)集热蓄热墙背面

集热蓄热墙是间接受益的一种方式。其特点是：在充分利用南墙面的情况下，能使室内保留一定的南墙面，便于室内家具的布置，可适应不同房间的使用要求；与直接受益窗结合使用，既可充分利用南墙集热，又能与砖混结构的要求相适应；用砖石等材料构成的集热蓄热墙，墙体蓄热在夜间向室内辐射，使室内昼夜温差波幅小；在顶部设置夏季向室外的排气口，可降低室内温度。

3. 附加阳光间式

附加阳光间式就是在向阳侧设透光玻璃，构成阳光间接受日光照射，阳光间与室内空间由墙或窗隔开，蓄热物质一般分布在隔墙内和阳光间地板内。因而从向室内供热来看，其机理完全与集热墙式太阳房的相同，是直接受益式和集热蓄热式的组合。随着对建筑造型要求的提高，这种外形轻巧的玻璃立面普遍受到欢迎。阳光间的温度一般不要求控制，可结合南廊、入口门厅、休息厅、封闭阳台等设置，用来养花或栽培其他植物，所以，附加阳光间式太阳房有时也称为附加温室式太阳房，如图10.28(a)所示。

与集热墙式被动房相比，该形式具有集热面积大、升温快的特点，与相邻内侧房间组织方式多样，中间可设砖石墙、落地门窗或带槛墙的门窗；但由于附加阳光间将增大透明盖层的面积，使散热面积增大，因而降低所收集阳光的有效热量。在阳光间结构上做些改进，也可以收到较好的效果。例如，在隔断墙顶部和底部都均匀地开设通风口，如图10.28(b)所示，如果能在上通风口安装风扇，加快能量向室内传输，可避免能量过多地散失。阳光间内中午易过热，应该通过门窗或通风窗合理组织气流，或将热空气及时导入室内。只有解决好冬季夜晚保温和夏季遮阳、通风散热，才能减少因阳光间自身缺点带来的热工方面的不利影响。冬季的通风也很重要，因为种植植物等原因，阳光间内湿度较大，容易出现结露现象。夏季可以利用室外植物遮阳，或安装遮阳板、百叶帘，开启甚至拆除玻璃扇。

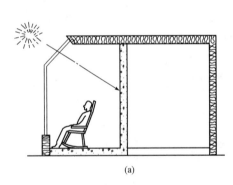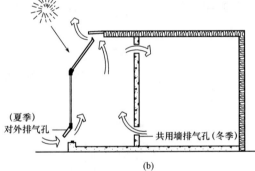

（夏季）
对外排气孔

共用墙排气孔（冬季）

(a)　　　　　　　　　　　　　　　(b)

图10.28　附加阳光间
(a)附加阳光间基本形式；(b)开设内外通风窗，有效改善冬、夏季工况(通风口可以用门窗代替)

附加阳光间式是直接受益与间接受益系统的结合。其特点是：集热面积大，阳光间内室温上升快；阳光间可结合南廊、门厅、封闭阳台设置，室内阳光充足，可作为多种生活空间，也可作为温室种植花卉，美化室内外环境；阳光间与相邻内层房间之间的关系变化比较灵活，既可设砖石墙，又可设落地门窗或带槛墙的门窗，适应性较强；阳光间内中午易过热，应采取通畅的气流组织，将热空气及时传送到内层房间；夜间热损失大，阳光间内室温昼夜波幅大，应注意透光外罩玻璃层数的选择和活动保温装置的设计。

设计阳光间时，应注意以下事项：

(1)组织好阳光间内热空气与内室的通畅循环，防止在阳光间顶部产生"死角"。

(2)处理好地面与墙体等位置的蓄热问题。

(3)合理确定透光外罩玻璃的层数，并采取有效的夜间保温措施。

(4)注意解决好冬季通风排湿问题,减少玻璃内表面结霜和结露。

(5)采取有效的夏季遮阳、隔热降温措施。

4. 蓄热屋顶池式

屋顶池式太阳房兼有冬季采暖和夏季降温两种功能,适用于冬季不太寒冷、夏季较热的地区。从向室内的供热特征上看,这种形式的被动太阳房类似于不开通风口的集热墙式被动房。它的蓄热物质被放在屋顶上,通常是有吸热和储热功能的贮水塑料袋或相变材料,其上设可开闭的隔热盖板,冬夏兼顾。冬季采暖季节,晴天白天打开盖板,将蓄热物质暴露在阳光下,吸收太阳热;夜晚盖上隔热盖板保温,使白天吸收了太阳能的蓄热物质释放热量,并以辐射和对流的形式传到室内(图10.29)。夏季,白天盖上隔热盖,阻止太阳能通过屋顶向室内传递热量;夜间移去隔热盖,利用天空辐射、长波辐射和对流换热等自然传热过程降低屋顶池内蓄热物质的温度,从而达到夏季降温的目的。这种太阳房在冬季采暖负荷不高而夏季又需要降温的情况下使用比较适宜。但由于屋顶需要有较强的承载能力,隔热盖的操作也比较麻烦,实际应用还比较少。

图10.29 蓄热屋顶池式
(a)冬季白天工况;(b)冬季夜晚工况

该形式适合冬季不太寒冷且纬度低的地区。因为纬度高的地区冬季太阳高度角太低,水平面上集热效率也低,而且严寒地区冬季水易冻结。另外,系统中的盖板热阻要大,贮水容器密闭性要好。使用相变材料,热效率可提高。目前,在所有的太阳能采暖方式中,用空气作介质的系统相对而言技术简单成熟、应用面广、运行安全、造价低廉。

5. 对流环路式

对流环路式被动房由太阳能集热器(大多数为空气集热器)和蓄热物质(通常为卵石地床)构成,因此也被称为卵石床蓄热式被动太阳房。安装时,集热器位置一般要低于蓄热物质的位置。在太阳房南墙下方设置空气集热器,以风道与采暖房间及蓄热卵石床相通。集热器内被加热的空气,借助于温差产生的热压直接送入采暖房间,也可送入卵石床蓄存,而后在需要时再向房间供热(图10.30)。

这种形式的特点是:构造较复杂,造价较高;集热和蓄热量大,且蓄热体的位置合理,能获得较好的室内温度环境;适用于有一定高差的南向坡地。

在此,把多种空气加热系统作横向比较,便于在做不同类型的节能建筑设计时,根据实际情况加以选择(表10.4)。

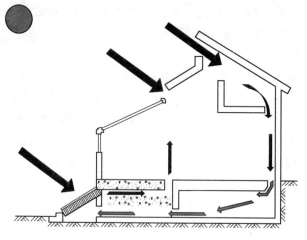

图 10.30　对流环路式被动太阳房示意

表 10.4　五种太阳能空气加热系统的比较

系统	优点	缺点
直接受益式	1. 景观好，费用低，效率高，形式很灵活。 2. 有利于自然采光。 3. 适合学校、小型办公室等	1. 易引起眩光。 2. 可能发生过热现象。 3. 温度波动大
集热蓄热墙式	1. 热舒适程度高，温度波动小。 2. 易于旧建筑改造，费用适中。 3. 大采暖负荷时效果很好。 4. 与直接受益式结合限制照度级效果很好，适合于学校、住宅、医院等	1. 玻璃窗较少，不便观景和自然采光。 2. 阴天时效果不好
附加阳光间式	1. 其作为起居空间，有很强的舒适性和很好的景观性，适合居住用房、休息室、饭店等。 2. 可作温室使用	1. 维护费用较高。 2. 对夏季降温要求很高。 3. 效率低
蓄热屋顶池式	1. 集热和蓄热量大，且蓄热体位置合理，能获得较好的室内温度环境。 2. 较适用于冬季采暖、夏季需降温的湿热地区，可大大提高设施的利用率	1. 构造复杂。 2. 造价很高
对流环路式	1. 集热和蓄热量大，且蓄热体位置合理，能获得较好的室内温度环境。 2. 适用于有一定高差的南向坡地	1. 构造复杂。 2. 造价较高

　　以上介绍的被动式太阳房的物种基本类型都有其各自的优点和不足。设计者可以根据情况博采众长，多方案组合形成新的系统。通常把由两个或两个以上基本类型被动式太阳能采暖混合而成的新系统称为混合式系统。混合式系统在实践中显出了它的优势，已成为被动式太阳房发展的重要趋势。不仅如此，今后主、被动式相结合的太阳房也将是发展的必然。

10.4.2 蓄热体

1. 蓄热体的作用和要求

在被动式太阳房中需设置一定数量的蓄热体。它的主要作用是在有日照时吸收并蓄存一部分过剩的太阳辐射热；而当白天无日照或在夜间(此时室温呈下降趋势)时，向室内放出热量，以提高室内温度，从而大大减小室温的波动。同时，由于降低了室内平均温度，所以也减少了向室外的散热。蓄热体的构造和布置将直接影响集热效率和室内温度的稳定性。对集热体的要求是：蓄热成本低(包括蓄热材料及储存容器)；单位容积(或重量)的蓄热量大；对储存器无腐蚀或腐蚀作用小；资源丰富，当地取材；容易吸热和防热；耐久性高。

2. 蓄热体材料类别及性能

蓄热材料分为显热和潜热两大类：

(1)显热类蓄热材料。显热是指物质在温度上升或下降时吸收或放出热量，在此过程中物质本身不发生任何其他变化。显热类蓄热材料有水、热媒等液体及卵石、砂、土、混凝土、砖等固体。它们的蓄热量取决于材料的容积比热值($V \cdot C_p$)(表10.5)。

表 10.5 常用显热蓄热材料的某些性能

材料名称	表观密度 ρ_0 /(kg·m^{-2})	比热 C_p /[kJ·(kg·℃)$^{-1}$]	容积比热 $V \cdot C_p$ /[kJ·(m·℃)$^{-3}$]	导热系数 λ /[W·(m·K)$^{-1}$]
水	1 000	4.20	4 180	2.10
砾石	1 850	0.92	1 700	1.20～1.30
沙子	1 500	0.92	1 380	1.10～1.20
土(干燥)	1 300	0.92	1 200	1.90
土(湿润)	1 100	1.10	1 520	4.60
混凝土块	2 200	0.84	1 840	5.90
砖	1 800	0.84	1 920	3.20
松木	530	1.30	665	0.49
硬纤维板	500	1.30	628	0.33
塑料	1 200	1.30	1 510	0.84
纸	1 000	0.84	837	0.42

注：水的容积比热量大，且无毒无腐蚀，是最佳的显热蓄热材料，但需有容器。而卵石、混凝土、砖等蓄热材料的容积比热比水小得多，因此在蓄热量相同的条件下，所需体积就要大得多，但这些材料可以作为建筑构件，不需要容器或对这方面的要求较低。

(2)潜热类蓄热材料。潜热蓄热又称相变蓄热或溶解热蓄热，是利用某些化学物质发生相变时吸收或放出大量热量的性质来实现蓄热的。

1)相变材料的蓄热机理与特点。相变材料具有在一定温度范围内改变其物理状态的能力，其一般有以下两种：

①固体⇌液体：物质由固态溶解成液态时吸收热量；其相反，物质由液态凝结成固态时放出热量。

②液体⇔气体：物质由液态蒸发成气态时吸收热量；其相反，物质由气态冷凝成固态时放出热量。

在实际应用中多使用第一种形式，因为第二种形式在物质蒸发时体积变化过大，对容器的要求很高。潜热蓄热体的最大优点是蓄热量大，即蓄存一定能量的质量少，体积小（如以质量比表示，潜热蓄热体为 1 时，水为 5，岩石为 25；如按容积比，则为 1∶8∶17）。其缺点是有腐蚀性，对容器要求高，须全封闭，造价较高。国内采用的相变材料主要是十水硫酸钠（芒硝）$Na_2SO_4 \cdot 10H_2O$ 加添加剂。

以固-液相变为例，在加热到熔化温度时，就产生从固态到液态的相变，熔化的过程中，相变材料吸收并储存大量的潜热；当相变材料冷却时，储存的热量在一定的温度范围内要散发到环境中去，进行从液态到固态的逆相变。在这两种相变过程中，所储存或释放的能量称为相变潜热。物理状态发生变化时，材料自身的温度在相变完成前几乎维持不变，形成一个宽的温度平台，虽然温度不变，但吸收或释放的潜热却相当大。

2）相变材料的分类。相变材料主要包括无机 PCM、有机 PCM 和复合 PCM 三类。其中，无机类 PCM 主要有结晶水合盐类、熔融盐类、金属或合金类等；有机类 PCM 主要包括石蜡、醋酸和其他有机物；近年来，复合相变储热材料应运而生，它既能有效克服单一的无机物或有机物相变储热材料存在的缺点，又可以改善相变材料的应用效果，并拓展其应用范围。因此，研制复合相变储热材料已成为储热材料领域的热点研究课题。但是混合相变材料也可能会带来相变潜热下降，或在长期的相变过程中容易变性等缺点。

3）相变储能建筑材料。相变储能建筑材料兼备普通建材和相变材料两者的优点，能够吸收和释放适量的热能；能够和其他传统建筑材料同时使用；不需要特殊的知识和技能来安装使用蓄热建筑材料；能够用标准生产设备生产；在经济效益上具有竞争性。

相变储能建筑材料应用于建材的研究始于 1982 年，由美国能源部太阳能公司发起。20 世纪 90 年代以 PCM 处理建筑材料（如石膏板、墙板与混凝土构件等）的技术发展起来了。随后，PCM 在混凝土试块、石膏墙板等建筑材料中的研究和应用一直方兴未艾。1999 年，国外又研制成功一种新型建筑材料——固液共晶相变材料，在墙板或轻型混凝土预制板中浇注这种相变材料，可以保持室内温度适宜。另外，欧美有多家公司利用 PCM 生产销售室外通信接线设备和电力变压设备的专用小屋，可在冬、夏季节均保持在适宜的工作温度。另外，含有 PCM 的沥青地面或水泥路面，可以防止道路、桥梁、飞机跑道等在冬季深夜结冰。

4）相变材料与建筑材料的复合工艺。PCM 与建材基体的结合工艺，目前主要有以下几种方法：

①将 PCM 密封在合适的容器内。

②将 PCM 密封后置入建筑材料中。

③通过浸泡将 PCM 渗入多孔的建材基体（如石膏墙板、水泥混凝土试块等）。

④将 PCM 直接与建筑材料混合。

⑤将有机 PCM 乳化后添加到建筑材料中。国内建筑节能建材企业已经成功地将不同标号的石蜡乳化，然后按一定比例与相变特种胶粉、水、聚苯颗粒轻集料混合，配制成兼具蓄热和保温的可用于建筑墙体内外层的相变蓄热浆料。试验楼的测试工作正在进行中。同时正在开发的还有相变砂浆、相变腻子等产品。

5)相变材料在建筑围护结构中的应用。现代建筑向高层发展，要求所用围护结构为轻质材料。但普通轻质材料热容较小，导致室内温度波动较大。这不仅造成室内热环境不舒适，而且还增加空调负荷，导致建筑能耗上升。目前，采用的相变材料的潜热达到170 J/g甚至更高，而普通建材在温度变化1 ℃时储存同等热量将需要190倍相变材料的质量。因此，复合相变建材具有普通建材无法比拟的热容，对于房间内的气温稳定及空调系统工况的平稳是非常有利的。

6)相变材料的选择。用于建筑围护结构的相变建筑材料的研制，选择合适的相变材料至关重要，其应具有以下几个特点：

1)熔化潜热高，使其在相变中能贮藏或放出较多的热量；

2)相变过程可逆性好、膨胀收缩性小、过冷或过热现象少；

3)有合适的相变温度，能满足需要控制的特定温度；

4)导热系数大，密度大，比热容大；

5)相变材料无毒，无腐蚀性，成本低，制造方便。

在实际研制过程中，要找到满足这些理想条件的相变材料非常困难。因此，人们往往先考虑有合适的相变温度和有较大相变潜热的相变材料，而后再考虑各种影响研究和应用的综合性因素。

就目前来说，现存的问题主要在相变储能建筑材料耐久性及经济性方面。耐久性主要体现在三个方面：相变材料在循环过程中热物理性质的退化问题；相变材料易从基体泄漏的问题；相变材料对基体材料的作用问题。经济性主要体现在：如果要最大化解决上述问题，将导致单位热能储存费用上升，必将失去与其他储热法或普通建材竞争的优势。相变储能建筑材料经过20多年的发展，其智能化功能性的特点是毋庸置疑的。随着人们对建筑节能的日益重视，环境保护意识的逐步增强，相变储能建筑材料必将在今后的建材领域大有用武之地，也会逐渐被人们所认知，具有非常广阔的应用前景。

3. 蓄热体设计要点

(1)墙、地面蓄热体应采用容积比热大的材料，如砖、石、密实混凝土等；也可专设水墙或盒装相变材料蓄热。

(2)蓄热体应尽量使其表面直接接收阳光照射。

(3)砖石材料作墙地面蓄热体时，应达100 mm厚(>200 mm时增效不大)。对水墙则体积越大越好，壳应薄、导热好。

(4)蓄热地面及水墙容器应用黑、深灰、深红等深色。

(5)蓄热地面上不应铺整面地毯，墙面也不应挂壁毯。对相变材料蓄热体和公共墙水墙，应加设夜间保温装置。

(6)蓄热墙的位置应设在容易接受太阳照射到的地方(图10.31)。

被动式太阳房设计离不开玻璃的使用，但是玻璃在夜间是否采取保温措施对被动式太阳房的蓄热效果，特别是对直接受益式系统的供暖保证率影响很大；在无夜间保温的情况下，玻璃的层数对建筑蓄热材料保持室内温度起较大的帮助作用，但是有夜间保温的情况下，增加玻璃的层数就没有太明显的效果了，而试验数据表明，活动的保温设施是太阳房集热蓄热的有效措施。

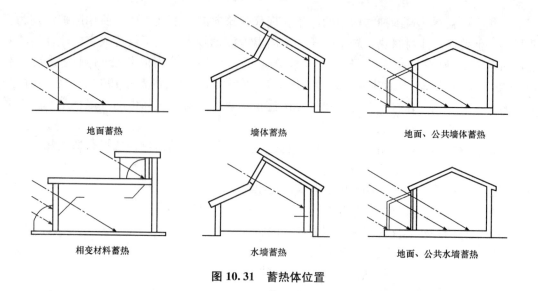

地面蓄热　　　　　　墙体蓄热　　　　　　地面、公共墙体蓄热

相变材料蓄热　　　　　水墙蓄热　　　　　地面、公共水墙蓄热

图 10.31　蓄热体位置

10.4.3　应用实例

1. 雷根斯堡住宅

德国的雷根斯堡住宅顺应周边环境面向花园，南侧倾斜的玻璃屋顶一直延伸到地面，形成的南向阳台和温室不但能够对太阳能直接利用，而且创造了联系内外环境的过渡空间。常用房间位于北部绝热性能好的较封闭的服务空间和南面能直接利用太阳能的缓冲区之间。可移动的玻璃隔断使起居空间扩大至温室。厚重的楼地板和温室底部的砾石都能在白天储存热量，夜晚释放热量。过多的热量可通过通风口释放出去。院落中的大树在夏季起到了遮阳的作用(图 10.32)。

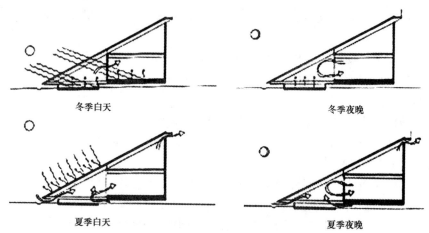

冬季白天　　　　　　　　　　　冬季夜晚

夏季白天　　　　　　　　　　　夏季夜晚

图 10.32　雷根斯堡住宅热量流动示意

2. 山西省榆社县东汇乡卫生院

2002 年起世界银行向我国提供了 75 万美元的赠款，实施了农村卫生院被动式太阳能采暖建筑全球环境基金项目。该项目在青海、甘肃和山西的国家级贫困县共建成 29 个被动式

太阳能采暖乡镇卫生院，旨在改善卫生院条件，减少对环境的污染。图 10.33 所示为使用附加阳光间和集热蓄热墙的山西省榆社县东汇乡卫生院。

图 10.33　山西省榆社县东汇乡卫生院

3. 山东建筑大学生态公寓南向房间的被动式太阳能采暖

充分考虑到被动式太阳能采暖各种形式的特点，山东建筑大学生态公寓在南向房间采用了直接受益式这种最简单便捷的采暖方式。南向房间采用了较大的窗墙面积比，外墙窗户尺寸由 1 800 mm×1 500 mm 扩大为 2 200 mm×2 100 mm，比值达到 0.39，以直接受益窗的形式引入太阳热能。通过图 10.34 和图 10.35 的日照分析能够计算得出，扩大南窗并安装遮阳板后，房间在秋分至来年春分的过渡季节和采暖季期间得到的太阳辐射量多于原设计，而在夏至到秋分这段炎热季节里得到的太阳辐射量少于原设计。另外，由于原方案中卧室通过封闭阳台间接获取光照，采暖季直接得热会折减。通过模拟，生态公寓的南向房间在白天可获得采暖负荷的 25%～35%。虽然窗墙面积比超过了我国《严寒和寒冷地区居住建筑节能设计标准》(JGJ 26—2010)中推荐的 0.35 的数值，但是由于采用了低传热系数的塑料中空窗，增大的窗户面积在夜间只有有限的热量损失，加装保温帘进一步加强夜间保温效果会更好，而且用挤塑板作为外保温墙体也保证了建筑物耗热量不会增加。

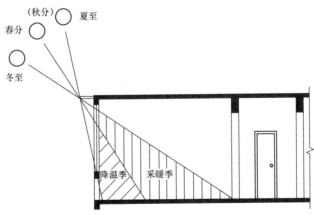

图 10.34　生态公寓标准层南向房间日照分析

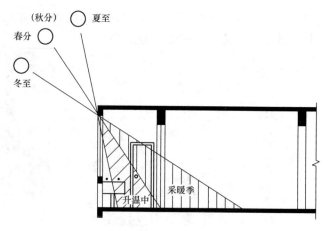

（秋分） 夏至

春分

冬至

采暖季

升温中

图 10.35　普通公寓标准层南向房间日照分析

10.5　太阳能建筑实例

实例 1：山东建筑大学生态学生公寓

工程概况

建造地点：山东济南

建筑规模：2 300 m²

竣工时间：2004 年

设计单位：山东建筑大学

生态学生公寓(图 10.36～图 10.47)位于山东省济南市山东建筑大学新校区内，建筑面积为 2 300 m²，6 层楼房，应用的太阳能采暖技术是综合式的，由被动的直接受益窗采暖、主动的太阳墙新风采暖组合而成，是山东建筑大学与加拿大国际可持续发展中心(ICSC)合作的试验项目，旨在进行生态建筑的课题研究，实现环境的可持续发展。

图 10.36　生态公寓建成实景

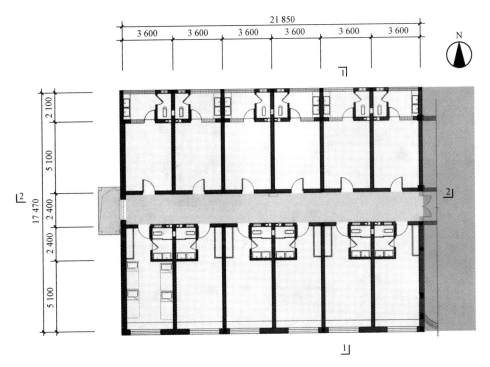

图 10.37 生态公寓标准层平面

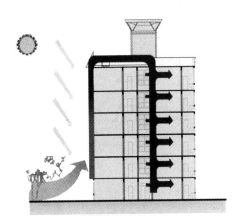

图 10.38 太阳墙通风供暖示意

图 10.39 太阳墙外景

图 10.40　太阳墙出风口通过风机与风管相连　　　　图 10.41　走廊内的太阳墙风管

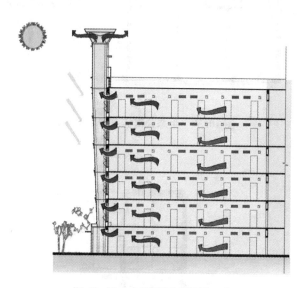

图 10.42　太阳能烟囱通风示意

图 10.43　太阳能烟囱实景

图 10.44　热水集热器外观

图 10.45　太阳能光电站

图 10.46　南向墙面的遮阳板

图 10.47　背景通风体系风机

太阳能与生态技术

1. 太阳墙采暖体系
2. 太阳能烟囱通风体系
3. 太阳能热水体系
4. 太阳能光伏发电体系
5. 外墙外保温体系
6. 被动换气体系
7. 中水体系
8. 楼宇自动化控制体系
9. 环保建材体系

经济性分析

生态学生公寓总投资约为 350 万元人民币，生态公寓增加的造价是：太阳墙系统 16 万元（包括加拿大进口太阳墙板、风机及国产风管），太阳能烟囱 5 万元，弱电控制 5 万元（不包括控制太阳能热水的部分），另外，还有窗和外保温，合计约 34 万元。建筑面积为 2 300 m²，平均每平方米总共增加造价 148 元。普通做法每平方米造价 1 300 元左右，即增加 11.4%，说明采取的技术措施在现有的经济水平上具有可行性。

实例 2：英国贝丁顿零能耗发展项目

工程概况

建造地点：伦敦萨顿市

建筑规模：82 套公寓＋2 500 m²

竣工时间：2002 年

设计者：比尔·邓斯特

这个项目被誉为英国最具创新性的住宅项目，其理念是给居民提供环保生活的同时并不牺牲现代生活的舒适性。其先进的可持续发展设计理念和环保技术的综合利用，使这个项目当之无愧地成为目前英国最先进的环保住宅小区（图 10.48～图 10.50）。

太阳能与生态技术

1. 内充氩气三层玻璃窗
2. 太阳能自然通风系统
3. 污水处理系统

4. 雨水收集系统

经济性分析

根据入住第一年的监测数据，小区居民节约了采暖能耗的 88%、热水能耗的 57%、电力需求的 25%、用水的 50%。

图 10.48 建筑外观

图 10.49 建筑窗户

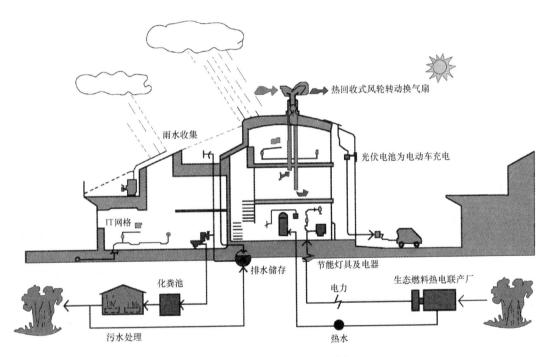

热回收式风轮转动换气扇

雨水收集

光伏电池为电动车充电

IT网格

化粪池

排水储存

节能灯具及电器

生态燃料热电联产厂

污水处理

电力

热水

图 10.50 能源利用和通风分析

国外太阳能
建筑实例

参 考 文 献

[1] 王立雄. 建筑节能[M]. 2 版. 北京：中国建筑工业出版社，2009.

[2] 华常春. 建筑节能技术[M]. 北京：北京理工大学出版社，2013.

[3] 刘世美. 建筑节能[M]. 北京：中国建筑工业出版社，2011.

[4] 柳孝图. 建筑物理[M]. 3 版. 北京：中国建筑工业出版社，2010.

[5] 张雄. 建筑节能技术与节能材料[M]. 2 版. 北京：化学工业出版社，2016.

[6] 龙惟定，武涌. 建筑节能技术[M]. 北京：中国建筑工业出版社，2011.

[7] 清华大学建筑节能研究中心. 中国建筑节能年度发展研究报告 2015[M]. 北京：中国建筑工业出版社，2015.

[8] 王崇杰，薛一冰. 太阳能建筑设计[M]. 北京：中国建筑工业出版社，2007.

[9] 田斌守. 建筑节能检测技术[M]. 2 版. 北京：中国建筑工业出版社，2010.

[10] 陈春滋，李书田. 建筑节能设计与施工技术[M]. 北京：中国物资出版社，2011.

[11] 中华人民共和国标准. GB 50189—2015 公共建筑节能设计标准[S]. 北京：中国建筑工业出版社，2015.

[12] 中华人民共和国国家标准. GB 50034—2004 建筑照明设计标准[S]. 北京：中国建筑工业出版社，2014.

[13] 中华人民共和国国家标准. GB 50352—2005 民用建筑设计通则[S]. 北京：中国建筑工业出版社，2005.

[14] 中华人民共和国行业标准. JGJ 26—2010 严寒和寒冷地区居住建筑节能设计标准[S]. 北京：中国建筑工业出版社，2010.

[15] 中华人民共和国国家标准. GB 50178—93 建筑气候区划标准[S]. 北京：中国计划出版社，1994.

[16] 中华人民共和国国家标准. GB 50176—2016 民用建筑热工设计规范[S]. 北京：中国建筑工业出版社，2017.

[17] 中华人民共和国行业标准. JGJ 75—2012 夏热冬暖地区居住建筑节能设计标准[S]. 北京：中国建筑工业出版社，2013.

[18] 中华人民共和国行业标准. JGJ 134—2010 夏热冬冷地区居住建筑节能设计标准[S]. 北京：中国建筑业出版社，2010.

[19] 中华人民共和国行业标准. JGJ 144—2004 外墙外保温工程技术规程[S]. 北京：中国建筑工业出版社，2005.

[20] 中华人民共和国行业标准. JGJ 102—2003 玻璃幕墙工程技术规范[S]. 北京：中国建筑工业出版社，2004.

[21] 中华人民共和国标准. GB/T 7106—2008 建筑外门窗气密、水密、抗风压性能分级及检测方法[S]. 北京：中国标准出版社，2009.

[22] 中华人民共和国国家标准. GB/T 8484—2008 建筑外门窗保温性能分级及检测方法[S]. 北京：中国标准出版社，2009.

[23] 中华人民共和国国家标准. GB/T 11976—2015 建筑外窗采光性能分级及检测方法[S].

北京：中国标准出版社，2014.

[24] 中华人民共和国国家标准. GB 50411—2007 建筑节能工程施工质量验收规范[S]. 北京：中国建筑工业出版社，2007.

[25] 中国建筑标准设计研究院. 挤塑聚苯乙烯泡沫塑料板保温系统建筑构造 10CJ16[S]. 北京：中国计划出版社，2010.

[26] 中国建筑标准设计研究院. 外墙外保温建筑构造 10J121[S]. 北京：中国计划出版社，2010.

[27] 中国建筑标准设计研究院. 种植屋面建筑构造 14J206[S]. 北京：中国计划出版社，2014.

[28] 中华人民共和国住房和城乡建设部. 海绵城市建设技术指南：低影响开发雨水系统构建(试行)[M]. 北京：中国建筑工业出版社，2015.

[29] 建设部信息中心. 绿色节能建筑材料选用手册[M]. 北京：中国建筑工业出版社，2008.

[30] 彭世瑾，王莉云，蒋兴林. 深圳建科大楼绿色建筑节水设计[J]. 中国给水排水，2011，27(2)：45-49.

[31] 焦秋娥. 建筑给排水中的节水节能[J]. 全国给水排水技术情报网国际工业分网学术年会，2009，35(S1)：382-384.

[32] 庄莉. 建筑电气照明节能设计的探讨[J]. 工程建设，2012，44(1)：48-49.

[33] 黄建础. 生态建筑空调暖通节能技术[J]. 建材与装饰(旬刊)，2011(1)：255-256.